高等职业教育精品工程系列教材

西门子 S7-200 SMART PLC 应用技术图解项目教程

郑长山 主 编

電子工業出版社
Publishing House of Electronics Industry
北京•BEIJING

内 容 简 介

本书以西门子 S7-200 SMART PLC 为样机，从工程应用角度出发，以项目（共 14 个项目）为载体，突出实践性。本书内容包括 S7-200 SMART PLC 硬件与软件、编程基础、常用指令应用、以太网通信等。

本书的多数项目按照项目要求、学习目标、相关知识、项目解决步骤、巩固练习来编写。其中，项目解决步骤详细、图文并茂、标注清晰，内容深入浅出、注重动手实践、可操作性强。

本书可作为高等职业技术学院和各类职业技术学校电气自动化、机电一体化、工业机器人及机电维修等相关专业的教材，也可作为成人教育、社会技能培训及企业培训的教材，还可作为相关技能大赛的参考教材和从事 PLC 应用技术工作的工程技术人员的参考用书。

未经许可，不得以任何方式复制或抄袭本书之部分或全部内容。
版权所有，侵权必究。

图书在版编目（CIP）数据

西门子 S7-200 SMART PLC 应用技术图解项目教程 / 郑长山主编. —北京：电子工业出版社，2022.1

ISBN 978-7-121-42748-0

Ⅰ. ①西… Ⅱ. ①郑… Ⅲ. ①PLC 技术－高等职业教育－教材 Ⅳ. ①TM571.61

中国版本图书馆 CIP 数据核字（2022）第 014818 号

责任编辑：郭乃明　　　　特约编辑：田学清
印　　刷：北京七彩京通数码快印有限公司
装　　订：北京七彩京通数码快印有限公司
出版发行：电子工业出版社
　　　　　北京市海淀区万寿路 173 信箱　　　邮编：100036
开　　本：787×1092　1/16　印张：12.25　字数：253.8 千字
版　　次：2022 年 1 月第 1 版
印　　次：2024 年 3 月第 4 次印刷
定　　价：39.00 元

凡所购买电子工业出版社图书有缺损问题，请向购买书店调换。若书店售缺，请与本社发行部联系，联系及邮购电话：（010）88254888，88258888。

质量投诉请发邮件至 zlts@phei.com.cn，盗版侵权举报请发邮件至 dbqq@phei.com.cn。

本书咨询联系方式：guonm@phei.com.cn，QQ34825072。

前　言

在我国现代工业应用中，西门子 S7-200 SMART PLC 被广泛使用，市场占有率高。如何高效、轻松地学习 S7-200 SMART PLC 应用技术已成为很多 PLC 学习者面临的迫切问题。

编者作为高校教师，经过教学实践发现，以项目方式讲解西门子 S7-200 SMART PLC 应用技术，课堂学习达成度高，技术掌握有针对性，随学随用，效果甚佳。另外，编者还发现，在有关西门子 S7-200 SMART PLC 应用技术的学习用书中，以图解形式，用项目统领知识的形式来讲解的教材少，这给实际教学和自学带来很多不便。鉴于此，编者决定选取典型项目，以图解标注的方式编写本书。

本书从 PLC 应用能力要求和实际工作的需求出发，在结构和组织方面大胆突破，根据项目提取学习目标，通过设计不同的项目，巧妙地将知识点和技能训练融于各个项目中。各个项目按照知识点与技能要求循序渐进，由简单到复杂进行编排；多数项目通过项目要求、学习目标、相关知识、项目解决步骤、巩固练习等环节详解项目知识点和操作步骤；相关知识学习与技能提高贯穿于整个项目之中，真正实现了“知能合一”的学习效果。

与同类学习用书相比，本书具有以下创新点。

（1）项目形式。选取典型项目，易于教学，符合职业教育发展方向。

本书内容全部根据知识目标和能力目标精选典型项目进行讲解，学生按照项目解决步骤操作，完成项目。

（2）项目解决步骤采用图片讲解，标注详细，对照步骤，边看边操作，可操作性强，直观易学。

本书强调动手实践，读者可以通过学习书中的项目，按照项目解决步骤分步操作，从而达成学习目标。步骤讲解以图片解说形式呈现，编者在图片上还进行了详细的文字标注，这一方式可以变枯燥地学为有兴趣地学。学生一边看书一边用编程软件 STEP7-Micro/WIN SMART 和 S7-200 SMART PLC 等进行操作，能轻松、快速地掌握 PLC 基本应用技术。

（3）项目由简单到复杂，符合认知规律。

本书在编排项目时，注重循序渐进，从简单“项目 1 认识 PLC”到复杂“项目 14 多台 S7-200 SMART PLC 以太网通信”，难度从易到难，符合认知规律。

（4）知识与技能有机结合。

本书遵循“学中做，做中学”的讲解思路，按照项目解决步骤详解整个实践操作过程，还将相关知识穿插整本书中，使知识与技能有机结合。

（5）扫描书中二维码，观看微视频。

本书重点和难点部分配有微视频，扫描书中二维码可观看，使学习变得更加轻松。

由于编者水平有限，书中难免有疏漏之处，恳请广大读者批评指正。对本书的意见和建议请发电子邮件至 zhengchangs@126.com。

编者　郑长山

2021 年 11 月

目　　录

项目 1 认识 PLC

1.1 项目要求及学习目标

1. 在理解的基础上掌握并能够独立解释 PLC 的定义。
2. 理解 PLC 的主要特点、各种功能及分类，并能够对其进行解释。
3. 在理解的基础上掌握 PLC 的应用范围及未来发展趋势。
4. 掌握 PLC 技术的学习方法并能够实施。

1.2 相关知识

1.2.1 PLC 发展史

1. PLC 的定义

PLC 是可编程序控制器，英文称 Programmable Controller，简称 PC。但由于 PC 容易和个人计算机（Personal Computer，PC）混淆，故人们习惯用 PLC 作为可编程序控制器的缩写。PLC 是英文 Programmable Logic Controller 的缩写。PLC 是一种数字运算操作的电子系统，专为在工业环境下应用而设计。

2. PLC 的产生

20 世纪 60 年代，汽车生产流水线的自动控制系统基本上都是由继电器控制装置构成的。当时汽车的每一次改型都直接导致继电器控制装置的重新设计和安装。随着生产的发展和人们要求的提高，汽车型号更新的周期越来越短，这样，继电器控制装置就需要经常地重新设计和安装，既浪费时间又费工费料，甚至阻碍了更新的周期。为了改变这一现状，美国通用汽车公司在 1969 年公开招标，要求用新的控制装置取代继电器控制装置，并提出了 10 项招标指标，要求编程方便、现场可修改程序、维修方便、采用模块化结构等。1969 年，美国数字设备公司（DEC）研制出第一台 PLC，在美国通用汽车公司的自动装配线上试用，并获得成功。

早期的可编程序控制器称为可编程逻辑控制器（Programmable Logic Controller，PLC），主要用来代替继电器实现逻辑控制。随着技术的发展，这种装置的功能已经大大超过了逻辑控制的范围。为了控制机器和生产过程，PLC 又增加了功能，如顺序、时间、计数和算术、模拟量控制等。目前，PLC 已经广泛应用在复杂的自动化生产和控制行业中。

1971 年，日本从美国引进了这项技术，很快研制出日本的第一台 PLC。1973 年，欧洲国家也研制出自己的第一台 PLC。我国从 1974 年开始研制 PLC，于 1977 年开始工业应用。

1.2.2 PLC 的主要特点

1. 可靠性高，抗干扰能力强

在 PLC 控制系统中，大量的开关动作都是由无触点的半导体电路完成的，因触点接触不良等造成的故障大大减少。

在硬件方面，首先选用优质器件，采用合理的系统结构，加固简化安装，使它能抗振动冲击。对印制电路板的设计、加工及焊接都采取了极为严格的工艺措施。对于工业生产过程中最常见的瞬间强干扰，采取的措施主要是采用隔离和滤波技术。PLC 的输入和输出电路一般都用光电耦合器传递信号，做到电浮空，使 CPU 与外部电路完全切断了电的联系，有效地抑制了外部干扰对 PLC 的影响。

在软件方面，PLC 具有良好的自诊断功能，一旦电源或其他软/硬件发生异常，CPU 会立即采取有效措施，防止故障扩大，PLC 设置了看门狗（Watching Dog）定时器，如果程序执行的时间超过了规定值，则表明程序已经进入死循环，可以立即报警。

对于大型 PLC 系统，还可以采用由双 CPU 构成冗余系统或由三 CPU 构成表决系统，使系统的可靠性得到进一步提高。

2. 编程简单易学

PLC 的设计是面向工业企业中一般电气工程技术人员的，采用易于理解和掌握的梯形图语言，以及面向工业控制的简单指令。这种梯形图语言既继承了传统继电器控制线路的表达形式（如线圈、接点、常开、常闭），又考虑到工业企业中电气工程技术人员的读图习惯和微机应用水平。因此，梯形图语言对于企业中熟悉继电器控制线路图的电气工程技术人员是非常亲切的，它形象、直观，简单、易学。因此，无论是在生产线的设计中，还是在传统设备的改造中，电气工程技术人员都特别喜欢和愿意使用 PLC。

3. 硬件配套齐全，用户使用方便、维护方便

PLC 的产品已经标准化、系列化、模块化，配备有品质齐全的各种硬件装置供用户选用，用户能灵活、方便地进行系统配置，组成不同功能、不同规模的系统。

在生产工艺流程改变或生产线设备更新，或者系统控制要求改变而需要变更控制系统的功能时，一般不必改变或很少改变输入/输出通道的外部接线，只要改变存储器中的控制程序即可，这在传统的继电器控制时期是很难想象的。PLC 的输入、输出端子可直接与交流 220V、直流 24V 等电压相连，并有较强的带负载能力。

PLC 的控制程序可通过编程器输入到 PLC 的用户程序存储器中。编程器不仅能对 PLC 控制程序进行写入、读出、检测、修改，还能对 PLC 的工作进行监控，根据 PLC 输入/输出 LED 指示灯提供的信息，可以快速查明原因，根据原因进行修理。

4. 设计、施工、调试周期短

在用 PLC 完成一项控制工程时，由于其硬件、软件齐全，所以设计和施工可同时进行。由于用软件编程取代了继电器硬接线实现控制功能，所以控制柜的设计及安装接线工作量大为减少，缩短了施工周期。同时，由于用户程序大都可以在实验室模拟调试，模拟调试好后将 PLC 控制系统在生产现场进行联机统调，使得调试方便、快速、安全，所以大大缩短了设计和投运周期。

5. 体积小，能耗低

PLC 的结构紧凑，体积小、质量小，复杂的控制系统使用 PLC 后，可以减少大量的中间继电器和时间继电器。小型 PLC 的体积仅相当于几个继电器的大小。PLC 控制系统与继电器控制系统相比，配线用量和安装接线所需工时减少，加上开关柜体积的缩小，可以减少大量的费用。

6. 功能强，性价比高

一台小型 PLC 有成百上千个可供用户使用的编程元件，可以实现非常复杂的控制功能，与实现相同功能的继电器接触器控制系统相比，具有很高的性价比。

1.2.3　PLC 的主要功能

1. 顺序逻辑控制

顺序逻辑控制是 PLC 最基本、最广泛的应用领域，用来取代继电器控制系统，实现逻辑控制和顺序控制。它既可用于单机控制或多机控制，又可用于自动化生产线的控制。PLC 根据操作按钮、限位开关及其他现场给出的指令信号与传感器信号控制机械运动部件进行相应的操作。

2．运动控制

很多 PLC 制造厂家已提供了拖动步进电动机或伺服电动机的单轴或多轴位置控制模块。在多数情况下，PLC 把描述目标位置的数据送给模块，模块移动一轴或数轴到目标位置。当每个轴移动时，位置控制模块保持适当的速度和加速度，确保运动平滑。这一功能目前已用于控制无心磨削、冲压、复杂零件分段冲裁、滚削、磨削等应用中。

3．定时控制

PLC 为用户提供了一定数量的定时器，并设置了定时器指令，一般每个定时器可实现 0.1～999.9s 或 0.01～99.99s 的定时控制，也可按一定方式进行定时时间的扩展，且定时精度高，定时设定方便、灵活。另外，PLC 还提供了高精度的时钟脉冲，用于准确地进行实时控制。

4．计数控制

PLC 为用户提供的计数器分为普通计数器、可逆计数器、高速计数器等，用来完成不同用途的计数控制。当计数器的当前计数值等于计数器的设定值或在某一数值范围内时，发出控制命令。计数器的计数值可以在运行中被读出，也可以在运行中被修改。

5．步进控制

PLC 为用户提供了一定数量的移位寄存器，用移位寄存器可方便地实现步进控制功能。在一道工序完成之后，自动进行下一道工序；在一个工作周期结束后，自动进入下一个工作周期。有些 PLC 还专门设有步进控制指令，使得步进控制更为方便。

6．数据处理

大部分 PLC 都具有不同程度的数据处理功能，如 F2 系列、C 系列、S5 系列 PLC 等，能完成数据运算，如加、减、乘、除、乘方、开方等；逻辑运算，如字与、字或、字异或、求反等。

7．过程控制

PLC 可以接收温度、压力、流量等连续变化的模拟量，通过模拟量输入/输出模块，实现模拟量和数字量之间的转换，并对被控模拟量实行闭环 PID 控制。

8．网络通信

目前，绝大多数 PLC 都具备了通信能力，把 PLC 作为下位机，与上位机或同级 PLC 进行通信，可完成信息的交换，实现对整个生产过程的信息控制和管理，因此，PLC 是工厂自动化的理想控制器。

1.2.4　PLC 的分类、应用及发展

1．根据输入/输出点数分类

PLC 的输入/输出点数表明了 PLC 可从外部接收多少个输入信号/向外部发出多少个输出信号，实际上就是 PLC 的输入/输出端子数。根据输入/输出点数的多少，可将 PLC 分为微型机（64 点以下，内存为 256～1KB）、小型机（65～128 点，内存为 1～3.6KB）、中型机（129～512 点，内存为 3.6～13KB）、大型机（513～896 点，内存为 13KB）和巨型机（大于 896 点，内存大于 13KB）。一般来说，点数多的 PLC 的功能也相应较强。

上述划分方式并不十分严格，也不是一成不变的。随着 PLC 的发展，划分标准也会改变。

2．根据结构形式分类

（1）整体式 PLC。

一般的微型机和小型机多为整体式结构，这种结构的 PLC 的电源、CPU、输入/输出部件都集中配置在一个箱体中，有的甚至全部装在一块印制电路板上。图 1-1 为西门子公司的整体式 S7-200 SMART CPU SR20 的控制面板。

图 1-1　西门子公司的整体式 S7-200 SMART CPU SR20 的面板结构

整体式 PLC 的优点是结构紧凑、体积小、成本低、质量小、容易装配在工业控制设备内部，比较适合设备单机控制；缺点是输入/输出点数是固定的，使用不够灵活，维修也较麻烦。

（2）模块式 PLC。

模块式 PLC 的各部分以单独的模块分开设置，如电源模块、CPU 模块、输入模块、输出模块及其他智能模块等。S7-300 PLC 为串行连接，没有底板，各个模块安装在机架导轨上，而各个模块之间是通过背板总线连接的。这种结构的 PLC 配置灵活、装备方便、维修简单、易于扩展，可根据控制要求灵活配置所需模块，构成功能不同的各种控制系统。模块式 PLC 的缺点是结构较复杂，各种插件多，因而增加了造价。S7-300 PLC 种类很多，其中一种的外形如图 1-2 所示。

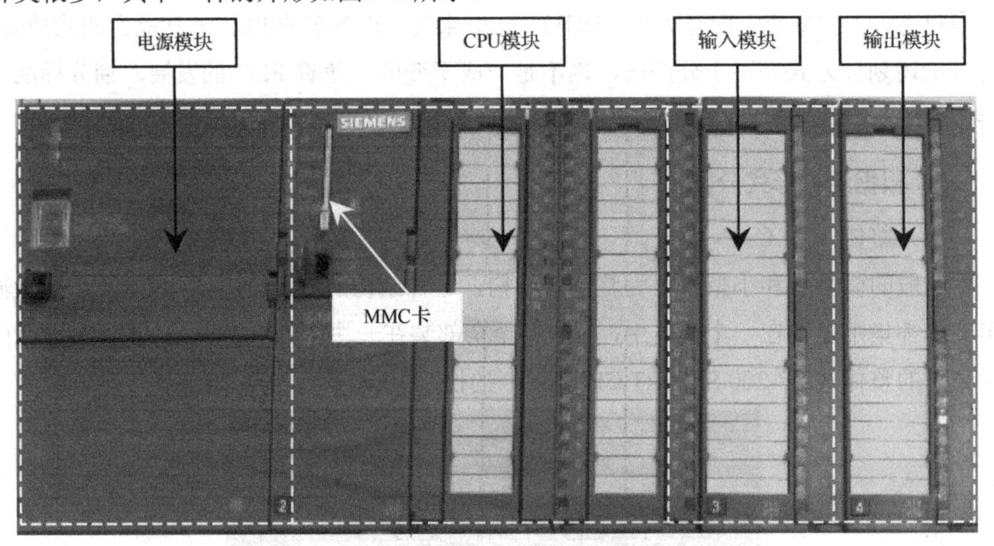

图 1-2　S7-300 PLC 的外形

3．根据生产厂家分类

（1）德国西门子（SIEMENS）股份公司的 S5 系列、S7 系列。

（2）日本欧姆龙（OMRON）集团的 C 系列。

（3）三菱（Mitsubishi）的 FX 系列。

（4）日本松下（Panasonic）的 FP 系列。

（5）法国施耐德（Schneider）的 Twido 系列。

（6）美国通用电气公司（GE）的 GE-FANUC 系列。

（7）美国 AB 公司的 PLC-5 系列。

4．PLC 的应用范围

PLC 控制技术代表了当今电气控制技术的世界先进水平，它与计算机辅助设计与制造（CAD/CAM）、工业机器人并列为工业自动化的三大支柱。

PLC 作为一种通用的工业控制器，可用于所有的工业领域。当前国内外已广泛地将 PLC 成功应用到机械、汽车、冶金、石油、化工、轻工、纺织、交通、电力、电信、采矿、建材、食品、造纸、军工、家电等各个领域，并且取得了相当可观的技术经济效益。

5. PLC 的发展趋势

（1）系列化、模块化。

每个生产 PLC 的厂家几乎都有自己的系列化产品，同一系列的产品指令向上兼容，扩展设备容量，以满足新机型的推广和使用。要形成自己的系列化产品，以便与其他 PLC 生产厂家竞争，就必然要开发各种模块，使系统的构成更加灵活、方便。一般的 PLC 可分为主模块、扩展模块、输入/输出模块及各种智能模块等，每种模块的体积都较小，相互连接方便，使用更简单，通用性更强。

（2）小型机功能强化。

从 PLC 出现以来，小型机的发展速度大大高于中、大型机。随着微电子技术的进一步发展，PLC 的结构必将更为紧凑、体积更小，而安装和使用也更为方便。有的小型机只有手掌大小，很容易用其制成机电一体化产品；有的小型机的输入/输出可以以点为单位由用户配置、更换或维修。很多小型机不仅有开关量输入/输出，还有模拟量输入/输出、高速计数器、高速直接输出和 PWM 输出等；一般都有通信功能，可联网运行。

（3）中、大型机高速度、高功能、大容量。

现在对中、大型机处理数据的速度要求也越来越高。欧姆龙公司的 CV 系列的每条基本指令的扫描时间为 0.125μs。西门子股份公司的 TI555 采用了多微处理器，每条基本指令的扫描时间为 0.068μs。

所谓高功能，就是指具有函数运算和浮点运算，数据处理和文字处理、队列、矩阵运算，PID 运算及超前、滞后补偿，多段斜坡曲线生成，处方、配方、批处理，菜单组合的报警模块，故障搜索、自诊断等功能。

在存储器的容量上，趋向于大容量。

（4）低成本。

随着新型器件的不断涌现，主要部件成本的不断下降，在大幅度提高 PLC 功能的同时，大幅度降低了 PLC 的成本。另外，价格的不断降低也使 PLC 真正成为继电器的替代物。

（5）多功能。

PLC 的功能进一步加强，以适应各种控制需要。同时，计算、处理功能的进一步完善，使 PLC 可以代替计算机进行管理、监控。智能输入/输出组件也将进一步发展，用来完成各种专门的任务，如位置控制、温度控制、中断控制、PID 调节、远程通信、音响输出等。

（6）网络通信功能。

网络化和增强通信能力是 PLC 的一个重要发展趋势。PLC 可以不再是一个孤岛，网络化和增强通信能力是 PLC 的一个重要发展趋势。很多工业控制产品（如变频器）可以与 PLC 通信，PLC 与 PLC 可以通信，通过双绞线、同轴电缆或光纤联网，信息可以传送到几十千米远的地方，通过 MODEM（调制解调器）和互联网，可以与世界上其他地方的计算机装置通信。

组态软件引发的上位计算机编程革命很容易实现上位计算机与 PLC 交换数据信息，节约了设计时间，提高了系统可靠性，可以直观地监控系统运行状态。组态软件有 WinCC、Intouch、FIX、组态王、力控等。

（7）外部诊断功能。

在 PLC 控制系统中，80%的故障发生在外围，能快速准确地诊断故障将极大地缩短维护时间。

1.2.5 PLC 技术的学习方法

“PLC 技术”是一门强调实践的课程，如果不动手，只看书，那么是不能学好 PLC 的。因此，学习 PLC 的过程是实践、实践、实践。读者边学边做本书的全部项目，完成每个项目后的巩固练习，就可能较全面地掌握 S7-200 SMART PLC 的基本原理、指令及编程方法。课前预习、课后复习也必不可少。

1.3 项目解决步骤

步骤 1．讲述 PLC 的定义。

步骤 2．讲述 PLC 是如何产生的。

步骤 3．讲述 PLC 的特点及功能。

步骤 4．举例说明 PLC 的分类、应用范围及未来发展方向。

步骤 5．讲述 PLC 技术的学习方法。

巩固练习一

1．PLC是如何产生的？

2．整体式PLC与模块式PLC各有什么特点？

3．PLC如何分类？

4．当代PLC的发展方向是什么？

5．上网查找PLC用途的图片和视频，并附上简短的文字，用于课堂交流。

6．上网查找市场上出售较多的品牌PLC，并搜集这些品牌PLC的图片，制作成PPT，用于课堂交流。

项目 2
S7-200 SMART PLC 硬件与软件

2.1 项目要求及学习目标

1. 掌握 S7-200 SMART CPU SR40 的结构，并能够讲解其外观结构。
2. 理解 S7-200 SMART CPU 的特性，并能够独立叙述出来。
3. 理解 S7-200 SMART PLC 硬件系统组成，并能够独立叙述出来。
4. 理解 S7-200 SMART PLC 软件窗口，并能够结合软件窗口介绍。
5. 掌握 S7-200 SMART PLC 硬件组态（配置），并能够举例完成硬件组态。
6. 掌握 PLC 与计算机的连接及通信设置，并能够独立操作。
7. 掌握下载程序的方法，并能够独立操作。

2.2 相关知识 1（硬件）

S7-200 SMART PLC 是一种类型 PLC 的统称，可以是一台 CPU 模块（又称主机单元、基本单元等），也可以是由 CPU 模块、信号板和扩展模块组成的系统。CPU 模块可以单独使用，而信号板和扩展模块不能单独使用，必须与 CPU 模块连接在一起才可使用。

2.2.1 S7-200 SMART CPU SR40 的结构

S7-200 SMART CPU SR40 的外观结构如图 2-1 所示。

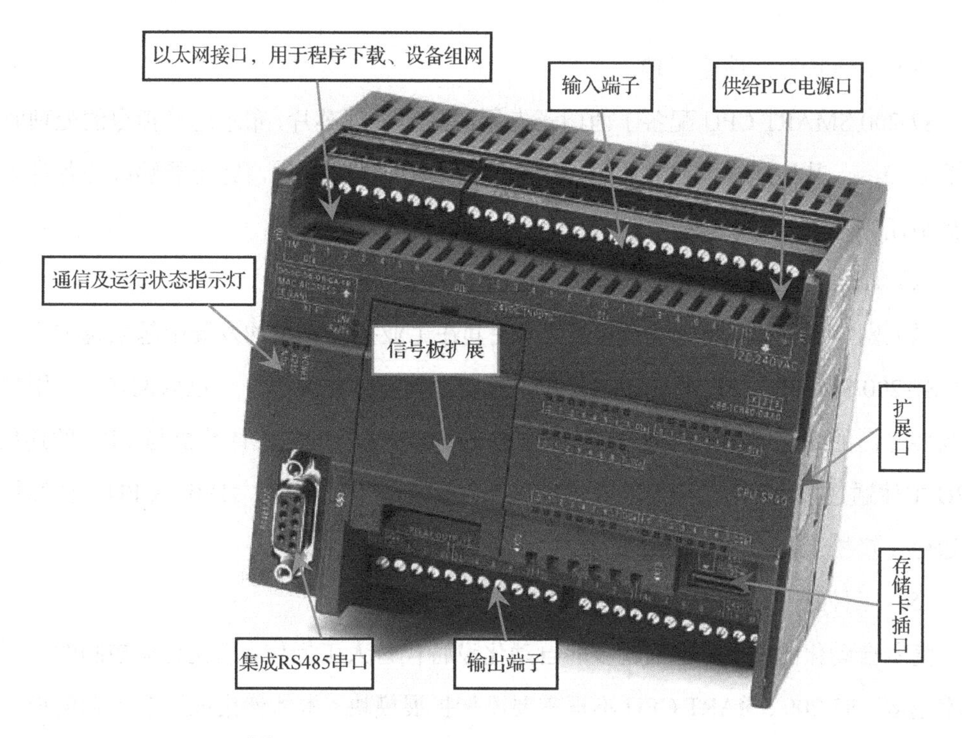

图 2-1　S7-200 SMART CPU SR40 的外观结构

2.2.2　S7-200 SMART CPU 的特性

S7-200 SMART CPU 是继 S7-200 CPU 系列产品之后，由西门子推出的小型 CPU 家族新成员。CPU 本体集成了一定数量的数字量输入/输出点、一个 RJ45 以太网接口和一个 RS485 接口。S7-200 SMART CPU 不仅提供了多种型号的 CPU 和扩展模块，能够满足各种配置要求，内部还集成了高速计数、PID 和运动控制等功能，以满足各种控制要求。

（1）机型丰富，更多选择。

S7-200 SMART CPU 提供了多种不同类型、输入/输出点数的机型，用户可以根据需要选择相应类型的 CPU。本体集成数字量输入/输出点数从 20 点、30 点、40 点到 60 点，可满足大多数小型自动化设备的需求。

（2）选件扩展，精确定制。

S7-200 SMART CPU 为标准型 CPU 提供的扩展选件包括扩展模块和信号板两种。扩展模块使用插针连接到 CPU 后面，包括 DI、DO、DI/DO 数字量模块，以及 AI、AO、AI/AO、RTD、TC 模拟量模块。信号板插在 CPU 前面板的插槽里，包括 CM 通信信号板、DI/DO 信号板、AO 信号板和电池板。

（3）高速芯片，性能卓越。

S7-200 SMART CPU 配备了西门子专用的高速处理芯片，布尔运算指令的处理时间只需 0.15μs，其性能在同级别小型 PLC 产品中处于领先地位，完全能够胜任各种复杂的控制任务。

（4）以太网互联，经济便捷。

以太网具备快速、稳定等诸多优点，使其在工业控制领域的发展中越来越被广泛应用。S7-200 SMART CPU 顺应了这一发展趋势，其本体集成了一个以太网接口，用户不再需要专门的编程电缆来连接 CPU，通过以太网网线即可完成计算机与 CPU 的连接。CPU 本体通过以太网接口还可以与其他 S7-200 SMART CPU、HMI、CPU、计算机进行通信，轻松组网。

（5）三种脉冲，运动自如。

随着自动化的发展，越来越多的自动化设备代替人工操作，相关运动控制的应用也越来越多，S7-200 SMART CPU 不再需要添加扩展模块，本体就集成了多个轴的控制功能，可以通过高速脉冲输出实现轴的点动、速度、位置控制。

（6）通用 SD 卡，快速更新。

CPU 本体集成了 Micro SD 卡插槽，使用市面上通用的 Micro SD 卡，可实现 CPU 程序传递、固件升级、恢复出厂设置功能，操作步骤简单，极大地方便了用户，也省去了因 PLC 固件升级而返厂服务的环节。

（7）软件友好，编程高效。

STEP7-Micro/WIN SMART 在继承西门子编程软件强大功能的基础上融入了更多人性化的设计，如新颖的带状式菜单、全移动式界面窗口、方便的程序注释功能、强大的密码保护功能等。

（8）完美整合，无缝集成。

S7-200 SMART CPU、SMART LINE 触摸屏、SINAMICS V90 伺服控制器和 SINAMICS V20 变频器完美整合，为很多用户带来高性价比的小型自动化解决方案。

2.2.3　S7-200 SMART PLC 硬件系统组成

S7-200 SMART PLC 的硬件系统由 CPU 模块、数字量扩展模块、模拟量扩展模块、热电偶与热电阻模块和相关设备组成。CPU 模块、扩展模块及信号板如图 2-2 所示。

图 2-2 CPU 模块、扩展模块及信号板

S7-200 SMART PLC 按照点数分为 20 点、30 点、40 点、60 点 4 种；CPU 模块配备标准型和经济型供用户选择。

S7-200 SMART PLC 有两种不同类型的 CPU 模块，分别为标准型（用 S 表示）和经济型（用 C 表示）。标准型作为可扩展 CPU 模块，可满足对输入/输出规模有较大需求、逻辑控制较为复杂的应用，标准型具体型号有 SR20/SR30/SR40/SR60（继电器输出型）和 ST20/ST30/ST40/ST60（晶体管输出型）；经济型只有继电器输出型（CR40/CR60），没有晶体管输出型。S7-200 SMART CPU 价格便宜，但只能单机使用，不能安装信号板，也不能连接扩展模块，由于只有继电器输出型，故无法实现高速脉冲输出。

CPU 型号名称的含义如图 2-3 所示。

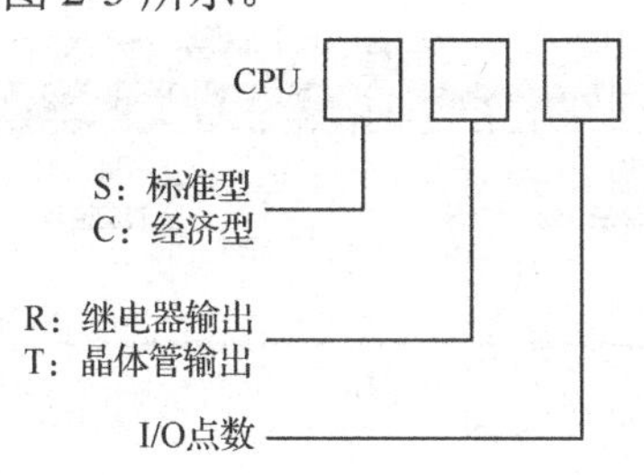

图 2-3 CPU 型号名称的含义

对于每个型号的 PLC，西门子都提供了 DC 24V 和 AC (120～240)V 两种电源供电的 CPU，如 CPU 224 DC/DC/DC 和 CPU 224 AC/DC/Relay。每个类型都有各自的订货号，可以单独订货。

（1）DC/DC/DC：说明 CPU 是直流供电，直流数字量输入，数字量输出点是晶体管直流电路的类型。

（2）AC/DC/Relay：说明 CPU 是交流供电，直流数字量输入，数字量输出点是继电器触点类型。

S7-200 SMART 家族提供各种各样的扩展模块，通过额外的输入/输出和通信接口，使得 S7-200 SMART 可以很好地按照应用需求来配置。

S7-200 SMART 提供了多种不同的扩展模块。通过扩展模块，可以很容易地扩展控制器的本地输入/输出，以满足不同的应用需求。S7-200 SMART 分别提供了数字量/模拟量模块以提供额外的数字/模拟输入/输出通道。

扩展模块（EM）不能单独使用，需要通过自带的连接器插接在 CPU 模块的右侧。

S7-200 SMART 共提供了 4 种不同的信号板。使用信号板，可以在不额外占用电控柜空间的前提下，提供额外的数字量输入/输出、模拟量输入/输出和通信接口，达到精确化配置。

CPU 模块本体标配以太网接口，集成了强大的以太网通信功能。通过一根普通的网线即可将程序下载到 PLC 中，省去了专用编程电缆，不仅方便，还有效降低了用户的成本。通过以太网接口，CPU 模块还可与其他 CPU 模块、触摸屏、计算机进行通信，轻松组网。

2.3 相关知识 2（软件）

2.3.1 S7-200 SMART PLC 软件窗口

S7-200 SMART PLC 软件窗口如图 2-4 所示。

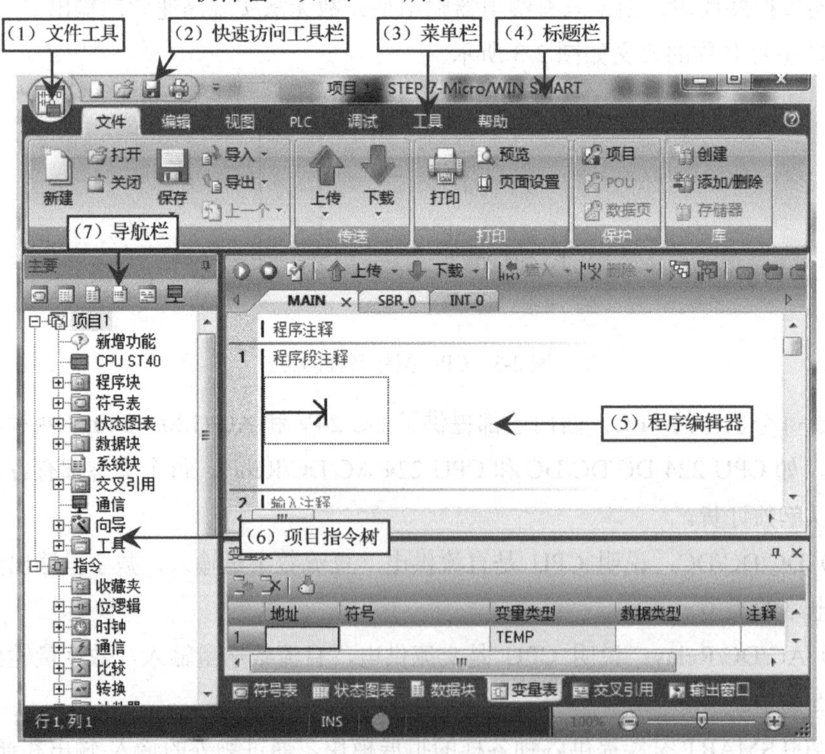

图 2-4 S7-200 SMART PLC 软件窗口

（1）文件工具："文件"菜单的快捷按钮，单击后会出现下拉菜单，提供最常用的新建、打开、另存为、关闭等功能。

（2）快速访问工具栏：有 4 个图标按钮，分别为"新建""打开""保存""打印"。单击右边的倒三角按钮，会弹出下拉菜单，可以进行定义更多的工具、更改工具栏的显示位置、最小化功能区等操作。

（3）菜单栏：由"文件""编辑""视图""PLC""调试""工具""帮助"7 个菜单组成。单击某个菜单，该菜单所有选项会在下方横向条形菜单区显示出来。

（4）标题栏：用于显示当前项目的文件名称。

（5）程序编辑器：用于编辑 PLC 程序，单击左上方"MAIN""SBR_0""INT_0"标签可切换到主程序编辑器、子程序编辑器和中断程序编辑器。默认打开主程序编辑器，编程语言为梯形图（LAD）。

（6）项目指令树：用于显示所有项目对象和编程指令。在编程时，先单击某个指令包前的"+"号，可以看到该指令包内的所有指令，可以采用拖放的方式将指令移到程序编辑器中；也可以双击指令，将其插入程序编辑器当前光标所在的位置。选择操作项目对象采用双击的方式；对项目对象进行更多的操作，可采用右键快捷菜单来实现。

（7）导航栏：位于项目指令树上方，由"符号表""状态图表""数据块""系统块""交叉引用""通信"6 个图标按钮组成。单击图标时，可以打开相应图表或对话框。利用导航栏可以快速访问项目指令树中的对象，单击一个导航栏按钮，相当于展开项目指令树中的某项并双击该项中的相应内容。

2.3.2　S7-200 SMART PLC 硬件组态（配置）

前面提到，PLC 可以是一台 CPU 模块，也可以是由 CPU 模块、信号板（SB）、扩展模块（EM）组成的系统。PLC 硬件组态又称为 PLC 配置，是指编程前先在编程软件中设置 PLC 的 CPU 模块、信号板和扩展模块的型号，使之与实际使用的 PLC 一致，以确保编写的程序能在实际硬件中运行。

在 STEP7-Micro/WIN SMART 软件中进行 PLC 硬件组态，可以双击"系统块"指令，弹出"系统块"对话框，由于当前系统中使用的 CPU 不是自己实际用的 CPU，故在对话框的"CPU"行的"模块"列中单击下拉按钮，出现所有 CPU 模块型号，从中选择自己实际使用的 CPU 型号，这里选择"CPU SR20（DC/DC/Relay）"；在"版本"列中选择 CPU 模块的版本号（实际模块有版本号标注），如果不知道版本号，则可选择低版本号，单击"确定"按钮即可完成 PLC 硬件组态，如图 2-5 所示。

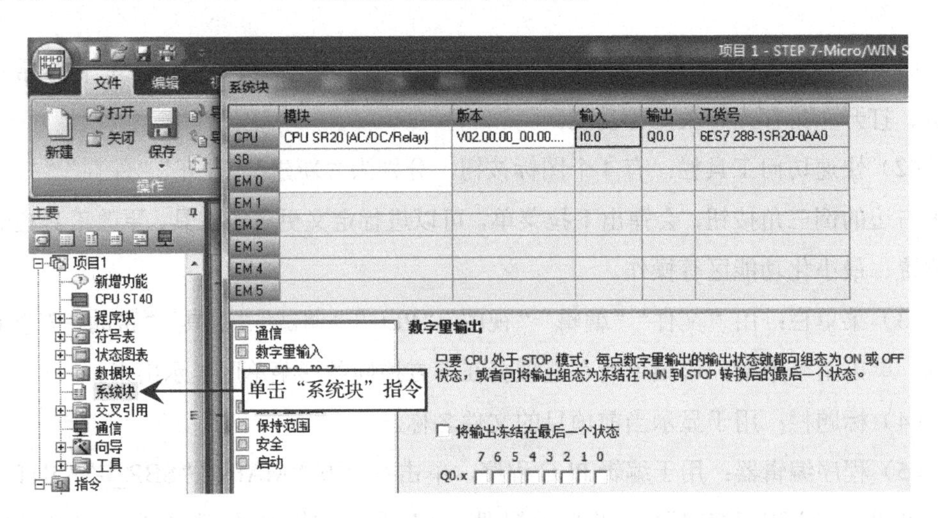

图 2-5　硬件组态

如果 CPU 模块安装了信号板，那么还需要设置信号板的型号，在“SB”行的“模块”列的空白处单击，会出现下拉按钮，单击下拉按钮，会出现所有信号板型号，从中选择正确的型号；在“SB”行的“版本”列中选择信号板的版本号，“输入”“输出”“订货号”列的内容会自动生成。如果 CPU 模块还连接了多个扩展模块，则可根据连接的顺序，用同样的方法在“EM 1”“EM 2”等列设置各个扩展模块。

另外，在图 2-5 中，单击“CPU ST 40”指令，参考上述步骤也可以完成硬件组态。

2.3.3　计算机与 PLC 的连接及通信设置

在计算机 STEP7-Micro/WIN SMART 软件中编写好程序后，如果要将程序下载到 PLC 里，则需要使用通信电缆将计算机与 PLC 连接起来，并进行通信设置。

1. 计算机与 PLC 的硬件通信连接

西门子 S7-200 SMART CPU 模块上有以太网接口（俗称网线接口、RJ45 接口），该接口与计算机的网线接口相同，将普通市售网线一端插入计算机的网线接口，另一端插入 CPU 的以太网接口，即可将它们连接起来，当计算机与 PLC 通信时，需要 PLC 接通供电电源。

2. 通信设置

计算机的网线接口与西门子 S7-200 SMART CPU 的以太网接口连接好后，还需要在计算机中进行通信设置，才能让两者进行通信。

在 STEP7-Micro/WIN SMART 软件的项目指令树中双击“通信”图标，弹出“通信”对话框，如图 2-6 所示。

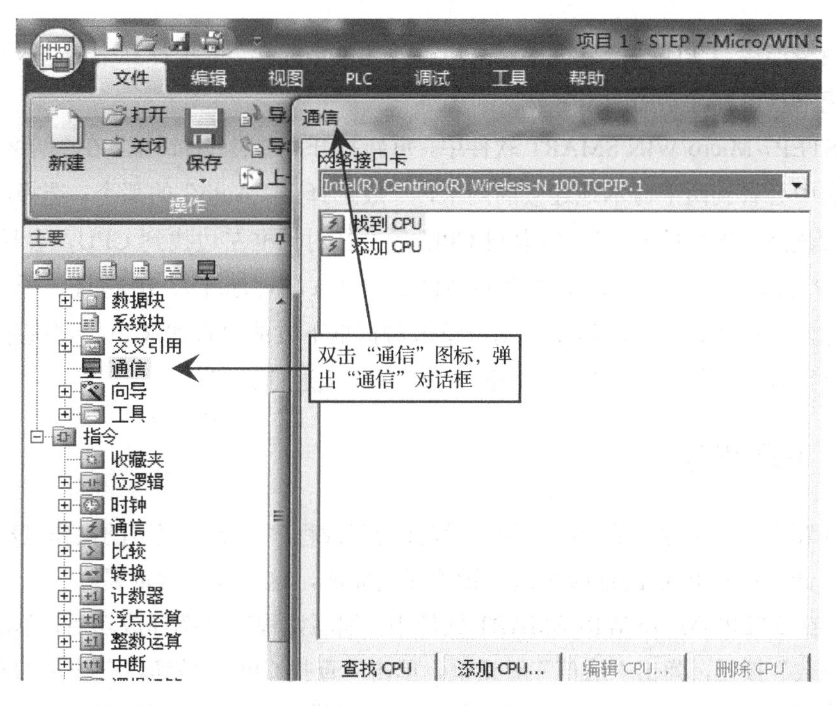

图 2-6　“通信”对话框

在对话框的“网络接口卡”下拉列表中选择与 PLC 连接的计算机的网线接口卡（网卡），如图 2-7 所示。

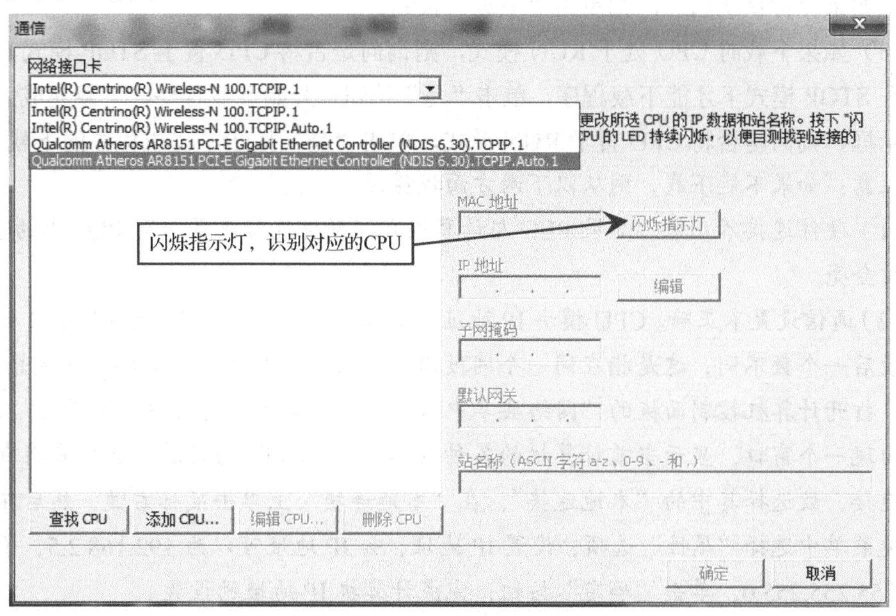

图 2-7　选择计算机网卡

如果不知道与 CPU 连接的网卡名称，则可以打开计算机控制面板的“网络共享中心”窗口，在其中单击“更改适配器设置”链接，就会出现一个窗口，显示当前计算机的各种网络连接。CPU 与计算机连接采用有线的本地连接，故选择其中的“本地连接”，查看并记下该图标显示的网卡名称。

在 STEP7-Micro/WIN SMART 软件中，重新打开“通信”对话框，在“网络接口卡”下拉列表中会看到两个与本地连接的网卡，一般选择带“Auto”的那个，选择后系统会自动搜索该网卡连接的 CPU，搜索到 CPU 后，在对话框左边找到 CPU，会显示 CPU 模块的 IP 地址，右边显示 CPU 模块的 MAC 地址（物理地址）、IP 地址、子网掩码和网关信息。如果系统为自动搜索，则可单击对话框下方的“查找 CPU”按钮搜索，搜到 CPU 后单击对话框右下方的“确定”按钮，完成通信设置。

2.3.4 下载程序

将计算机中的程序送到 PLC 里的过程称为下载程序。下载程序的操作过程如下。

（1）计算机与 PLC 的连接及通信设置成功完成，这一步非常重要。

（2）在 STEP7-Micro/WIN SMART 软件中，编写好程序且编译成功后，单击工具栏中的“下载”按钮，弹出“通信”对话框，单击“查找 CPU”按钮，在找到的 CPU 中，选择程序要下载到的 CPU，通过 MAC 地址确认下载的 CPU（对话框显示 MAC 地址与真实 CPU 表面印刷的 MAC 地址对应一致），也可通过 MAC 地址右边的闪烁指示灯确认下载的 CPU，确认完下载的 CPU 后，单击右下角的“确定”按钮，弹出“下载”对话框，如果保持默认选择，则单击“下载”按钮。

（3）如果下载时 CPU 处于 RUN 模式，则询问是否将 CPU 置于 STOP 模式，因为只有在 STOP 模式下才能下载程序，单击“是”按钮，开始下载程序，下载完成后，弹出提示框，询问是否将 CPU 置于 RUN 模式，单击“是”按钮，完成程序的下载。

注意：如果不能下载，则从以下两方面找原因。

（1）硬件连接不正常。如果 PLC 与计算机之间硬件连接正常，则 PLC 上的 LINK 指示灯会亮。

（2）通信设置不正确。CPU 模块 IP 地址的前 3 个数与计算机 IP 地址的前 3 个数相同，最后一个数不同，这是指在同一个网段内。如果不是这样，则需要设置计算机 IP 地址，打开计算机控制面板的“网络共享中心”窗口，单击“更改适配器设置”链接，就会出现一个窗口，显示当前计算机的各种网络连接。CPU 与计算机连接采用有线的本地连接，故选择其中的“本地连接”，在“本地连接”上单击鼠标右键，然后在弹出的快捷菜单中选择“属性”选项，设置 IP 地址，如 IP 地址可以为 192.168.2.5，子网掩码为 255.255.255.0，单击“确定”按钮，完成计算机 IP 地址的设置。

设置 CPU 的 IP 地址：在 STEP7-Micro/WIN SMART 软件的项目指令树中，双击“系统块”图标，弹出“系统块”对话框，如图 2-8 所示，选中“IP 地址数据固定为下面的值，不能通过其它方式更改”复选框，将 IP 地址、子网掩码按图示设置，即 IP 地址为

192.168.2.6，子网掩码为 255.255.255.0，单击“确定”按钮，完成 CPU IP 地址的设置。然后将系统块下载到 CPU 中，使 IP 地址设置生效。

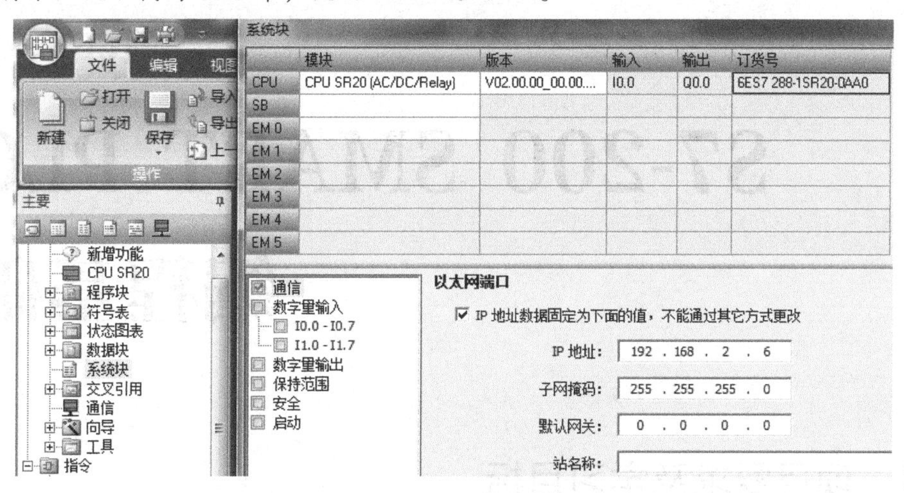

图 2-8　设置 CPU 的 IP 地址[①]

2.4　项目解决步骤

步骤 1．掌握 S7-200 SMART CPU SR40 的结构，并能够讲解其外观结构。

步骤 2．理解 S7-200 SMART CPU 的特性，并能够独立叙述出来。

步骤 3．理解 S7-200 SMART PLC 硬件系统组成，并能够独立叙述出来。

步骤 4．理解 S7-200 SMART PLC 软件窗口，并能够结合软件窗口介绍。

步骤 5．掌握 S7-200 SMART PLC 硬件组态（配置），并能够举例完成一硬件组态。

步骤 6．掌握 PLC 与计算机的连接及通信设置，并能够独立操作。

步骤 7．掌握下载程序的方法，并能够独立操作。

巩固练习二

1．上网查找 S7-200 SMART PLC 用途的图片和视频，并附上简短的文字，用于课堂交流。

2．上网查找 S7-200 SMART PLC 的各个部件，并附上型号，制作成 PPT，用于课堂交流。

① 注：软件图中的“其它”的正确写法为“其他”。

项目3 S7-200 SMART PLC 编程基础

3.1 项目要求及学习目标

1. 理解数制、基本数据类型的含义，并能叙述出来。
2. 掌握 S7-200 SMART PLC 存储区的含义，并能叙述出来。
3. 掌握直接寻址的含义，并能够举例说明。

3.2 相关知识

3.2.1 数制与基本数据类型

1．数制

（1）二进制数。

二进制数的 1 位（bit）只有 0 和 1 两种取值，可用来表示开关量（或称数字量）的两种状态，如触点的断开和接通、线圈的通电和失电等。如果该位为 1，则表示梯形图中对应的编程元件的线圈通电，其常开触点接通，常闭触点断开；如果该位为 0，则表示梯形图中对应的编程元件的线圈失电，其常开触点断开，常闭触点接通。二进制数常用 2#表示，如 2#1111_0110_1000_1011 是一个 16 位的二进制数。

（2）十六进制数。

十六进制数的 16 个数字是由 0～9 这 10 个数，以及 A（表示 10）、B（表示 11）、C（表示 12）、D（表示 13）、E（表示 14）、F（表示 15）6 个字母构成的，其运算规则

为逢十六进一。在 SIMATIC 中，B#16#、W#16#、DW#16#分别用来表示十六进制字节、十六制字和十六进制双字常数，如 W#1B3F。

（3）BCD 码。

BCD 码将一个十进制数的每一位都用 4 位二进制数表示，即 0～9 分别用 0000～1001 表示。而剩余 6 种组合（1010～1111）则没有在 BCD 码中使用。

BCD 码的最高 4 位二进制数用来表示符号，16 位 BCD 码字的范围为-999～999。32 位 BCD 码双字的范围为-9999999～9999999。

十进制数可以方便地转换为 BCD 码，如十进制数 235 对应的 BCD 码为 0000 001000110101。

2．基本数据类型

基本数据类型有很多种，用于定义不超过 32 位的数据，每种数据类型在分配存储空间时都有确定的位数，如布尔型（BOOL）数据为 1 位，字节型（BYTE）数据为 8 位，字型（WORD）数据为 16 位，双字型（DWORD）数据为 32 位。

（1）位数据类型。

位数据值 1 和 0 常用英语单词 TRUE（真）和 FALSE（假）来表示。8 位二进制数组成一个字节，其中，第 0 位为最低位（LSB），第 7 位为最高位（MSB）；两个字节组成一个字，两个字组成一个双字。

（2）算术数据类型。

整数（INT 或 Integer）是 16 位有符号数，整数的最高位是符号位，0 表示正，1 表示负。整数的取值为-32768～32767，负数用补码表示。

双整数（DINT 或 Double Integer）有 32 位，其中最高位是符号位，0 表示正，1 表示负。它与 16 位整数一样可以用于整数运算。

32 位浮点数又称为实数（REAL），如模拟量的输入和输出值。用浮点数处理这些数据，需要进行浮点数和整数之间的转换。基本数据类型如表 3-1 所示。

表 3-1　基本数据类型

数据类型	位数	格式选择	说明
布尔（BOOL）	1	布尔量	范围：是或非，1 或 0
字节（BYTE）	8	十六进制	范围：B#16#00～B#16#FF
字（WORD）	16	二进制	2#0～2#1111111111111111
		十六进制	W#16#0～W#16#FFFF
		BCD 码	C#0～C#999
		无符号十进制	B#(0,0)～B#(255,255)

续表

数据类型	位数	格式选择	说明
双字（DWORD）	32	二进制	范围：2#0～2#11111111111111111111111111111111；
		十六进制	DW#16#00000000～DW#16#FFFFFFFF
		无符号数	B#(0,0,0,0)～B#(255,255,255,255)
字符（CHAR）	8	字符	任何可打印的字符（ASCII 码大于 31），除去 DEL 和”
整数（INT）	16	有符号十进制	范围：-32768～32767
双整数（DINT）	32	有符号十进制	范围：L#-214783648～L#214783647
浮点数或实数（REAL）	32	IEEE 浮点数	上限：±3.402823e+38 下限：±1.175495e-38
时间（TIME）	32	IEC 时间，精度 1ms	T#-24D_20H_31M_23S_648MS～T#24D_20H_31M_23S_647MS
日期（DATE）	32	IEC 时间，精度 1 天	D#1990_1_1～D#2168_12_31
每天时间 TOD（TIME-OF-DAY）	32	每天时间，精度 1ms	TOD#0:0:0.0～TOD#23:59:59.999，小时（0～23），分（0～59），秒（0～59），毫秒（0～999）
系统时间 S5TIME	32	S5 时间，时基：10ms（默认）	S5T#0H_0M_0S_0MS～S5T#2H_46M_30S_0MS

3.2.2 S7-200 SMART PLC 存储区

（1）输入过程映像寄存器 I（输入继电器 I）。

输入继电器的每一位对应一个数字量输入模块的输入点，在每个扫描周期的开始，CPU 对输入点采样，并将采样值存入输入继电器中。CPU 在本扫描周期中不改变输入继电器的值，在下一个扫描周期输入处理扫描阶段进行更新。

输入继电器的作用是接收来自现场的控制按钮、行程开关及各种传感器等的输入信号。通过输入继电器，将 PLC 的存储系统与外部输入端子（输入点）建立起明确对应的连接关系，它的每一位对应 1 个数字量输入端子。输入继电器的状态（“1”或“0”）是在每个扫描周期的输入采样阶段接收到的由现场送来的输入信号的状态（接通或断开）。

（2）输出过程映像寄存器 Q（输出继电器 Q）。

输出继电器的每一位对应一个数字量模块的输出点，在扫描周期的末尾，CPU 将输出继电器的数据传送给输出模块，再由输出模块驱动外部负载。

通过输出继电器，将 PLC 的存储系统与外部输出端子（输出点）建立起明确对应的连接关系。输出继电器的状态可以由输入继电器的触点、其他内部器件的触点及它自己的触点来驱动，即完全由编程的方式决定。

输出继电器仅有一个实际的常开接点与输出接线端子相连，用来接通负载。这个常

开接点可以是有触点的（继电器输出型），也可以是无触点的（晶体管输出型或双向晶闸管输出型）。

（3）模拟量输入映像寄存器（AI）。

模拟量输入模块将外部输入模拟信号的模拟量转换成 1 字长（16 位）的数字量，并存放在模拟量输入映像寄存器（AI）中，供 CPU 运算处理。AI 中的值为只读值。AI 也称为输入寄存器，固定以字寻址，如 AIW6。

（4）模拟量输出映像寄存器（AQ）。

模拟量输出模块将 CPU 给定的 1 字长（16 位）的数字量转换为模拟量。CPU 给定值预先放在模拟量输出映像寄存器（AQ）中，供 CPU 运算处理。AQ 中的值为只写值。AQ 也称为输出寄存器，固定以字寻址，如 AQW6。

（5）V 存储器。

可以用 V 存储器存储程序执行过程中控制逻辑操作的中间结果，也可以用它保存与工序或任务相关的其他数据。V 存储器不能直接驱动外部负载。它可以按位、字节、字或双字来存取 V 存储区中的数据。

（6）位存储器 M。

位存储器用来保存控制继电器的中间操作状态或其他控制信息。

在逻辑运算中，经常需要一些辅助继电器，其功能与传统的继电器控制线路中的中间继电器的功能相同。辅助继电器与外部没有任何联系，不可能直接驱动任何负载。每个辅助继电器对应着位存储区的一个基本单元，它的线圈可以由所有的编程元件的触点（当然包括它自己的触点）来驱动。它的触点状态同样可以无限制地使用。借助辅助继电器的编程，可使输入、输出之间建立复杂的逻辑关系和联锁关系，以满足不同的控制要求。辅助继电器也可以字节、字、双字为单位，用来存储数据。如果位存储器不够用，也可将 V 存储器按位寻址来替代位存储器去编程，如 V0.0、V0.1、V0.2 等。

（7）定时器 T。

在 S7-200 SMART CPU 中，定时器相当于继电器电路中的时间继电器，S7-200 SMART CPU 中有 3 种时间基准（1ms、10ms、100ms）的定时器。定时器有以下两个变量。

① 当前值：16 位有符号整数，存储定时器累计的时间。

② 定时器位：按照当前值和预置值的比较结果置位或复位（预置值是定时器指令的一部分）。

（8）计数器 C。

在 S7-200 SMART CPU 中，计数器可以用于累计其输入端脉冲电平由低到高的次数。S7-200 SMART CPU 提供了 3 种类型的计数器，分别为增计数器、减计数器、增减计数器。计数器有以下两种形式。

① 当前值：16 位有符号数，存储累计值。

② 计数器位：按照当前值和预置值的比较结果置位或复位（预置值是计数器指令的一部分）。

（9）高速计数器（HC）。

高速计数器用来累计比 CPU 的扫描速度更快的事件，计数过程与扫描周期无关。高速计数器的当前值和预置值为 32 位有符号整数。当前值为只读数据，如 HC0 存储的是 HSC0 的当前值。

（10）累加器（AC）。

累加器是一种特殊的存储单元，也是一种暂存器，用来存储计算产生的中间结果。如果没有像累加器这样的暂存器，那么在每次计算（加、乘、移位等）后，就必须把结果写回到内存，再读回来，存取主内存的速度比累加器更慢。可以按字节、字和双字访问累加器，取决于所用指令。

（11）特殊存储器（SM）。

特殊存储器是为系统赋予了特殊功能的存储器，为 CPU 与用户程序之间传递信息提供了一种手段。例如，SM0.0 一直为 ON，SM0.1 仅在 CPU 运行的第一个扫描周期为 ON，SM0.4 和 SM0.5 分别为 1min 和 1s 的时钟脉冲。

（12）局部变量存储器（L）。

局部变量是指在程序中只在特定过程或函数中可以访问的变量。局部变量是相对丁全局变量而言的，其寻址方式和全局变量的寻址方式类似。在 S7-200 SMART 中，局部变量存储器用 L 表示，仅在被它创建的 POU（主程序、子程序、中断程序）中有效。每个 POU 提供 64 字节，其中最后 4 字节被系统占用，实际可提供使用的为 60 字节。

（13）顺序控制继电器（S）。

顺序控制继电器与顺序控制指令 SCR 配合使用，用于标记顺序控制的程序段。在不用作顺序控制时，也可将其当成位存储器来使用。

3.2.3 直接寻址与间接寻址

寻址方式是指程序执行时，CPU 如何找到指令操作数存放地址的方式。SMART 系列 PLC 将数据信息存放于不同的存储单元中，每个存储单元都有确定的地址。根据对存储器数据信息访问方式的不同，寻址方式可以分为直接寻址和间接寻址。

1. 直接寻址

所谓直接寻址，就是指明确指出存储单元的地址，程序中指令的参数直接指明存储

区域的名称（内部软元件符号）、地址编号和长度。

常用的直接寻址方式有位寻址、字节寻址、字寻址和双字寻址。直接寻址方式也是 PLC 用户程序使用最多、最普遍的方式，可以按位、字节、字、双字方式对 I、Q、S、V、SM、M、L 等存储区域进行存取操作。

若要存取存储区的某一位，则必须指定地址，包括存储区标识符、字节地址和位号。

存储器的最小组成部分是位（bit），可存放一个二进制的状态“1”或“0”。位与字节、字及双字的关系如下。

8 位（bit）=1 字节（Byte）（简写为 B）。

16 位（bit）=2 字节=1 个字（Word）（简写为 W）。

32 位（bit）=4 字节=2 个字=1 个双字（Double Word）（简写为 D）。

S7 中的主标识符有 I、Q、S、V、SM、M、L 等。

S7 中的辅助标识符有 X（位）、B（字节）、W（字）、D（双字）。

在学习编程的过程中，掌握位与字节、字和双字的关系及其结构组成是很关键的，下面逐一进行介绍。

1）位寻址

位寻址是最小存储单元的寻址方式，寻址时采用以下结构：存储区标识符+字节地址+位地址。例如，Q0.3：

Q：表示过程映像输出区，即输出继电器或输出映像寄存器。

0：表示第 0 个字节；字节地址从第 0 个字节开始，最大值由该存储区的大小决定。

3：表示第 0 个字节的第 3 位，位地址的取值为 0～7（这是规定的，共 8 位）。

QB0 如图 3-1 所示。

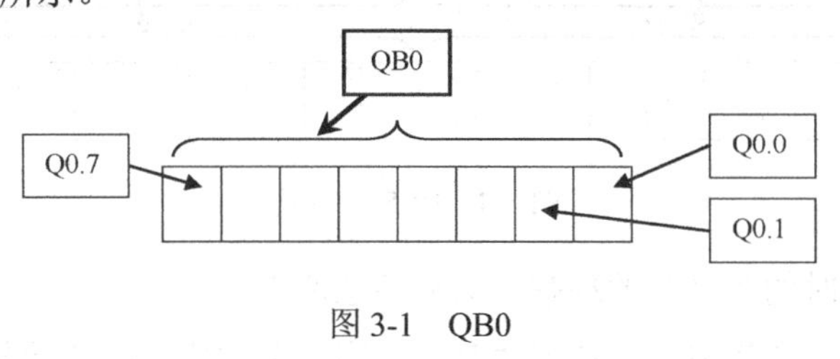

图 3-1　QB0

2）字节寻址

当按字节寻址时，访问一个 8 位的存储区域，采用以下结构进行寻址：存储区标识符+字节地址。例如，MB0、IB0、MB4：

M：表示位存储区。

B：表示字节。

MB0：表示第 0 个字节，其中最低位的位地址为 M0.0，最高位的位地址为 M0.7。

MB0 如图 3-2 所示。

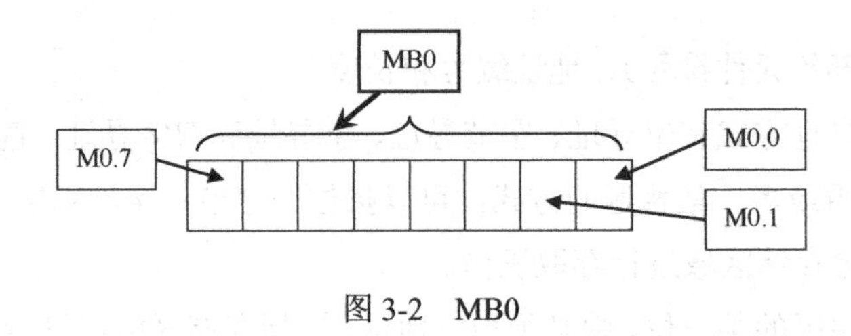

图 3-2　MB0

IB0：表示第 0 个字节，其中最低位的位地址为 I0.0，最高位的位地址为 I0.7。IB0 如图 3-3 所示。

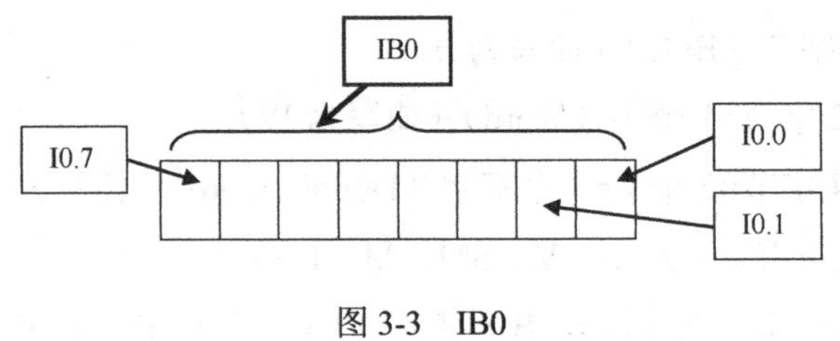

图 3-3　IB0

3）字寻址

当按字寻址时，访问一个 16 位的存储区域，包含两个字节，寻址时采用以下结构：存储区标识符+数值小的字节号。例如，IW5、MW2：

I：表示过程映像输入区。

W：表示字。

5：表示从第 5 个字节开始，包括两个字节的存储空间，即 IB5 和 IB6。

IW5 的构成如图 3-4 所示。

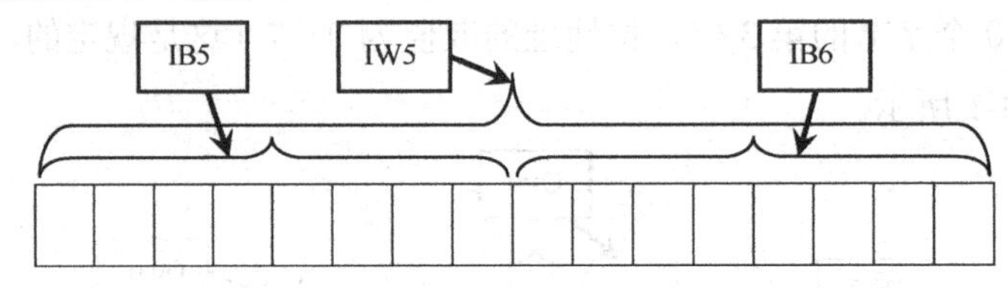

图 3-4　IW5 的构成

对于按字寻址时的字结构的理解，需要注意两点。

（1）字中包含两个字节，但在表达时只指明一个数值小的字节号。例如，MW2 包括 MB2 和 MB3 两个字节，而不是 MB1 和 MB2 两个字节。

（2）在 MW2 中，MB2 是高 8 位字节，MB3 是低 8 位字节，其构成如图 3-5 所示。

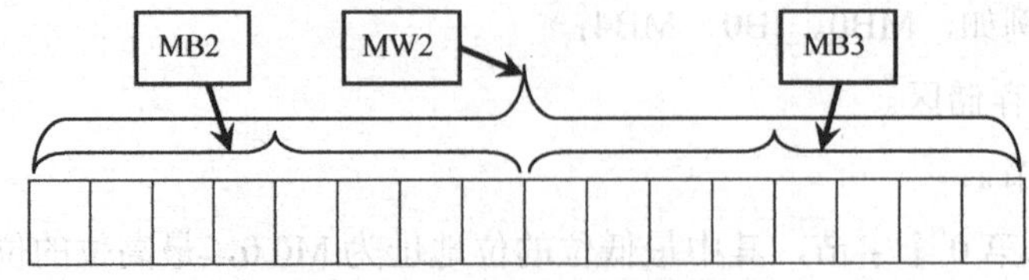

图 3-5　MW2 的构成

4）双字寻址

在按双字寻址时，访问一个 32 位的存储区域，包含 4 个字节，寻址时采用以下结构：存储区标识符+D+第一字节地址，如 MD4。

M：表示局部数据暂存区。

D：表示双字。

4：表示从第 4 个字节开始，包括 4 个字节的存储空间。

双字的结构与字的结构类似，理解时可参考对字的理解。双字访问的是 32 位的存储区域，占 4 字节。MD4 包括 MB4、MB5、MB6、MB7 这 4 个字节。其中，MB4 是最高位的字节，MB7 是最低位的字节。MB4 最高位的位地址为 M4.7，最低位的位地址为 M7.0。MD4 的构成如图 3-6 所示。

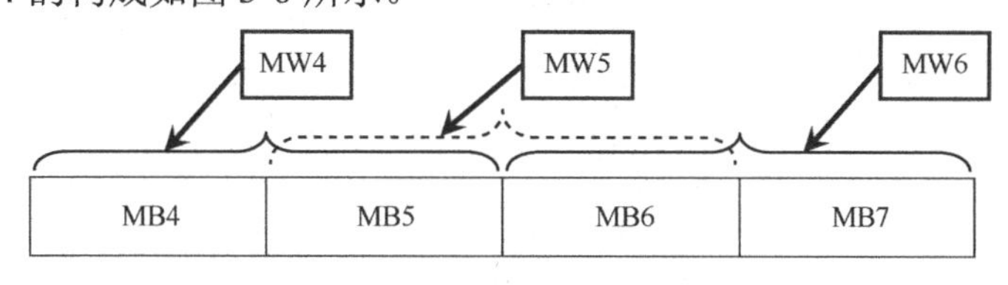

图 3-6　MD4 的构成

注意：在访问存储区时，尽量避免地址重叠情况的发生。例如，MW5 与 MW6 都包含 MB6（见图 3-6），因此，在使用字寻址时，尽量用偶数。双字寻址时可采用偶数加 4，如 MD0、MD4、MD8、MD12 等。

2. 间接寻址

间接寻址是指不直接给出要访问单元的地址，而是将该单元的地址存在某些特殊存储单元中，这个用来存储地址的特殊存储单元称为指针，指针只能由 V、L 或 AC（累加器）来承担。采用间接寻址方式访问连续地址中的数据时很方便，使编程非常灵活。

间接寻址存取数据一般有 3 个过程：建立指针、用指针存取数据和修改指针。

3.3　项目解决步骤

步骤 1．在理解的基础上叙述数制、基本数据类型的含义。

步骤 2．在理解的基础上叙述 S7-200 SMART PLC 存储区的含义。

步骤 3．在理解的基础上叙述直接寻址的含义，并能够举例说明。

巩固练习三

1．讲述数制、基本数据类型的含义。

2．论述 S7-200 SMART PLC 存储区的含义。

3．讲述直接寻址的含义，并能够举例说明。

项目 4
电动机启停 PLC 控制

4.1 项目要求

电动机启停 PLC 控制：当按下启动按钮 SB1 时，电动机接触器 KM 线圈接通得电，主触点闭合，电动机 M 启动运行；当按下停止按钮 SB2 时，电动机接触器 KM 线圈断开失电，主触点断开，电动机 M 停止运行，如图 4-1 所示。

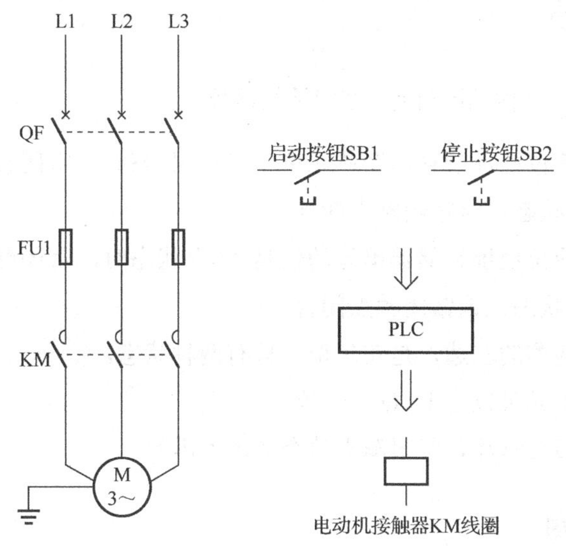

图 4-1 电动机启停 PLC 控制示意图

4.2 学习目标

1. 掌握常开触点、常闭触点及输出线圈的使用，能用指令编写程序。
2. 掌握 PLC 的工作原理，并能叙述。
3. 了解仿真软件，并能够使用它来仿真程序。

4.3 相关知识

4.3.1 常开触点

讲解常开触点

常开触点 ??.? ┤ ├ 又称动合触点，??.?是位地址。

当常开触点对应位地址的存储器单元位是“1”状态时，常开触点取对应位地址存储单元位“1”的状态，该常开触点闭合。

当常开触点对应位地址的存储器单元位是“0”状态时，常开触点取对应位地址存储单元位“0”的状态，该常开触点断开。

触点指令放在线圈的左边，是布尔型，只有两种状态。

位地址的存储单元可以是 I（输入继电器）、Q（输出继电器）、M（位存储器）等。

注意：对于梯形图程序，常开触点的个数是无限的。

4.3.2 常闭触点

讲解常闭触点

常闭触点 ??.? ┤ / ├ 又称动断触点，??.?是位地址。

当常闭触点对应位地址的存储器单元位是“1”状态时，常闭触点取对应位地址存储单元位“1”的反状态，该常闭触点断开。

当常闭触点对应位地址存储器单元的位是“0”状态时，常闭触点取对应位地址存储单元位“0”的反状态，该常闭触点闭合。

触点指令放在线圈的左边，是布尔型，只有两种状态。

位地址的存储单元可以是 I、Q、M 等。

注意：对于梯形图程序，常闭触点的个数是无限的。

4.3.3 输出线圈

讲解输出线圈

输出线圈 ??.? ( ) 又称输出指令（逻辑串输出指令），??.?为位地址。

当程序中驱动输出线圈的触点接通时，线圈得电接通，这个“电”是“概念电流”或“能流”，而不是真正的物理电流。输出线圈得电，该位地址的存储单元位是“1”；输出线圈失电，该位地址的存储单元位是“0”。输出线圈属于布尔型，只有两种状态。

输出线圈应放在梯形图的最右边。

位地址的存储单元可以是 Q、M 等。

注意：避免双线圈输出。所谓双线圈输出，就是指在程序中，同一个地址的输出线圈出现 2 次或 2 次以上。另外，程序中也不能出现 I 的线圈。

4.3.4　PLC 的基本工作原理

CPU 是以分时操作方式来处理各项任务的。CPU 在每一瞬间只能做一件事，因此，程序的执行是按程序顺序依次完成相应程序段上的动作的，属于串行工作方式。下面阐述 PLC 的基本工作原理。

1．PLC 控制系统的等效工作电路

PLC 控制系统的等效工作电路由输入部分、内部控制电路、输出部分组成，如图 4-2 所示。输入部分用来采集输入信号，输出部分就是系统的执行部件，这两部分与继电器控制电路相同。内部控制电路通过编程的方法实现控制逻辑，用软件编程代替继电器控制电路的功能。

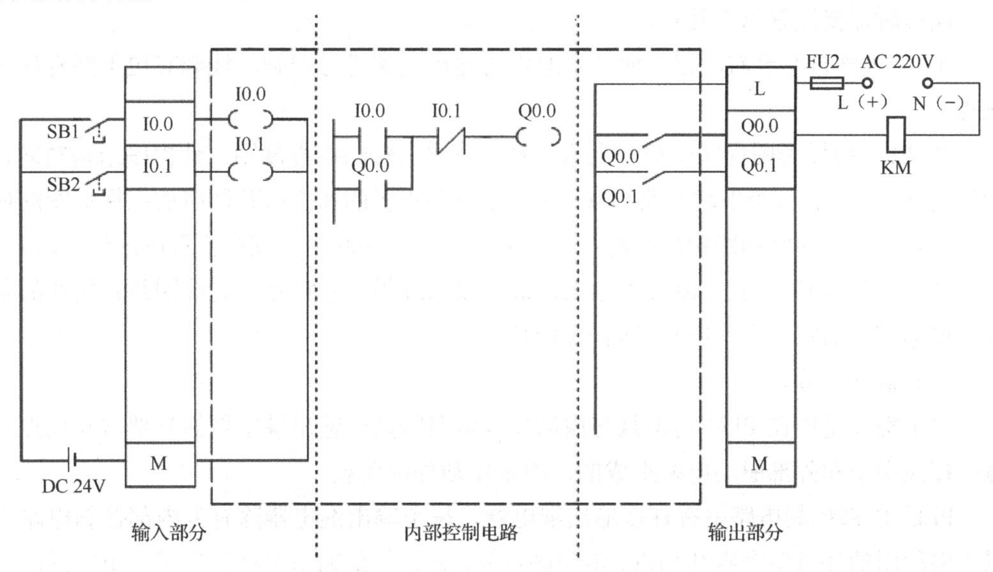

图 4-2　PLC 控制系统的等效工作电路

（1）输入部分。

输入部分由外部输入电路、PLC 输入接线端子和输入继电器组成。每个输入端子与其相同编号的输入继电器有着唯一确定的对应关系。当外部输入器件处于接通状态时，如 SB1 按下，对应的输入继电器线圈得电。

注意：这个输入继电器是 PLC 内部的“软继电器”，就是存储器基本单元的某一位，如果输入继电器线圈得电，则存储器基本单元对应某一位是“1”；如果输入继电器线圈失电，则存储器基本单元对应某一位是“0”。

输入继电器线圈只能由来自现场的输入器件（如控制按钮、行程开关的触点、晶体管的基极－发射极电压、各种检测及保护器件的触点等）驱动，而不能用编程的方式去控制。因此，在梯形图程序中，只能使用输入继电器的常开触点和常闭触点，不能使用输入继电器线圈。

（2）内部控制电路。

内部控制电路是由用户编写的程序形成的用“软继电器”来代替硬继电器的控制逻辑。它的作用是按照用户程序规定的逻辑关系对输入信号和输出信号的状态进行检测、判断、运算、处理，然后得到相应的输出。

一般用户程序是用梯形图语言编制的，看起来很像继电器控制线路图。在继电器控制线路中，继电器的接点可瞬时动作，也可延时动作。而 PLC 梯形图中的触点是瞬时动作的，如果需要延时，则可由 PLC 提供的定时器来完成。延时时间可根据需要在编程时设定，其定时精度及范围远远高于时间继电器。在 PLC 中还提供了计数器、位存储器及某些特殊功能的继电器。PLC 的这些器件提供的逻辑控制功能可在编程时根据需要选用，且只能在 PLC 的内部控制电路中使用。

编程时需要注意以下几点。

① 应根据自左至右、自上而下的原则对输出线圈进行控制。线圈右边不能有任何触点。

② PLC 的梯形图程序应符合上重下轻、左重右轻的编程规则，使程序结构精简、运行速度快。当有几个串联回路相并联时，应将触点多的那个串联回路放在梯形图的最上面；当有几个并联回路相串联时，应将触点最多的并联回路放在梯形图的最左边。

③ 梯形图的每一行左侧总为触点，最右侧为线圈，各种触点为线圈是否接通的条件。梯形图中的触点上不应有双向电流通过。

（3）输出部分。

输出部分是由在 PLC 内部且与内部控制电路隔离的输出继电器的外部常开接点、输出接线端子和外部驱动电路组成的，用来驱动外部负载。

PLC 内部控制电路中有许多输出继电器，每个输出继电器除有为内部控制电路提供了编程用的任意多个常开触点、常闭触点外，还为外部输出电路提供了一个实际的常开接点，与输出接线端子相连。

驱动外部负载电路的电源必须由外部电源提供，电源种类及规格可根据负载要求配备，只要在 PLC 允许的电压范围内工作即可。

2. PLC 的扫描工作过程

PLC 的工作方式有两个显著特点：周期性顺序扫描和集中批处理。

周期性顺序扫描是 PLC 特有的工作方式，PLC 通电后，为了使 PLC 的输出及时地响应各种输入信号，初始化后会反复不停地分步处理各种不同任务，总是处在不断循环的顺序扫描过程中。每次扫描所用的时间称为扫描时间，又称为扫描周期或工作周期。

由于 PLC 的输入/输出点数较多，采用集中批处理的方法可以简化操作过程、便于控制、提高系统可靠性，所以 PLC 的另一个特点就是对输入采样、执行用户程序、输出刷新实施集中批处理。

当 PLC 启动后，先进行初始化操作，包括对工作内存的初始化、复位所有的定时器、将输入/输出继电器清零，检查输入/输出单元连接是否完好，如果有异常则发出报警信号。初始化之后，PLC 就进入周期性顺序扫描过程了。

1 个扫描周期包括 4 个扫描阶段。

（1）公共处理扫描阶段。

公共处理包括 PLC 自检、执行来自外部设备的命令、对警戒时钟（又称监视定时器或看门狗定时器）清零等。

PLC 自检就是 CPU 检测 PLC 各器件的状态，如果出现异常则进行诊断，并给出故障信号，或者自行进行相应处理，这将有助于及时发现或提前预报系统的故障，提高系统的可靠性。

在 CPU 对 PLC 自检结束后，需要检查是否有外部设备的请求，如是否需要进入编程状态、是否需要通信服务、是否需要启动磁带机或打印机等。

采用 WDT（Watch Dog Timer，看门狗定时器）技术也是提高系统可靠性的一个有效措施，它是在 PLC 内部设置一个监视定时器。这是一个硬件时钟，是为了监视 PLC 每次的扫描时间而设置的，对它预先设定好规定时间，每个扫描周期都要监视扫描时间是否超过规定值。如果程序运行正常，则在每次扫描周期的公共处理扫描阶段对 WDT 进行清零（复位），避免由于 PLC 在执行程序的过程中进入死循环或 PLC 执行非预定的程序而造成系统故障，导致系统瘫痪；如果程序运行失常进入死循环，则 WDT 因得不到按时清零而超时溢出，从而给出报警信号或停止 PLC 工作。

（2）输入采样扫描阶段。

在 PLC 存储器中，设置了一部分区域来存放输入信号，称为输入映像寄存器，CPU 以字节（8 位）为单位来读输入映像寄存器。

输入采样扫描阶段是第一个集中批处理过程。在这个阶段中，PLC 按顺序逐个采集所有输入端子上的信号，不论输入端子上是否接线，CPU 都会顺序读取全部输入端，将所有采集到的输入信号写到输入映像寄存器中。在当前的扫描周期内，用户程序依据的输入信号的状态（ON 或 OFF）均从输入映像寄存器中读取，而不管此时外部输入信号的状态是否变化。即使此时外部输入信号的状态发生了变化，也只能在下一个扫描周期的输入采样扫描阶段读取，对于这种采集输入信号的批处理，虽然严格上来说每个信号被采集的时间有先有后，但由于 PLC 的扫描周期很短，这个差异对一般工程应用可忽略，所以可认为这些采集到的输入信息是同时的，如图 4-3 所示。

（3）执行用户程序扫描阶段。

执行用户程序扫描阶段是第二个集中批处理过程。在执行用户程序扫描阶段，CPU 对用户程序按顺序进行扫描。如果程序用梯形图表示，则总是按先上后下、从左至右的顺序进行扫描。每扫描到一条指令，所需的输入信息的状态均从输入映像寄存器中读取，而不是直接使用现场的输入信号。而对于其他信息，则是从 PLC 的元件映像寄存器中读取。该阶段每一次运算的中间结果都立即被写入元件映像寄存器中，这样，该元素的状态马上就可以被后面将要扫描到的指令利用。对于程序中输出线圈接通得电的扫描结果，也不是马上去驱动外部负载，而是将其结果写入元件映像寄存器的输出映像寄存器中，待输出刷新扫描阶段集中进行批处理，因此，执行用户程序扫描阶段也是集中批处理过程，如图 4-3 所示。

在这个阶段，除了输入映像寄存器，各个元件映像寄存器中的内容都是随着程序的执行而不断变化的。

（4）输出刷新扫描阶段。

输出刷新扫描阶段是第三个集中批处理过程。当 CPU 对全部用户程序扫描结束后，将元件映像寄存器中各输出映像寄存器的状态同时送到输出锁存器中，再由输出锁存器经输出端子去驱动各输出映像寄存器对应的负载，如图 4-3 所示。

输出刷新扫描阶段结束后，CPU 进入下一个扫描周期。

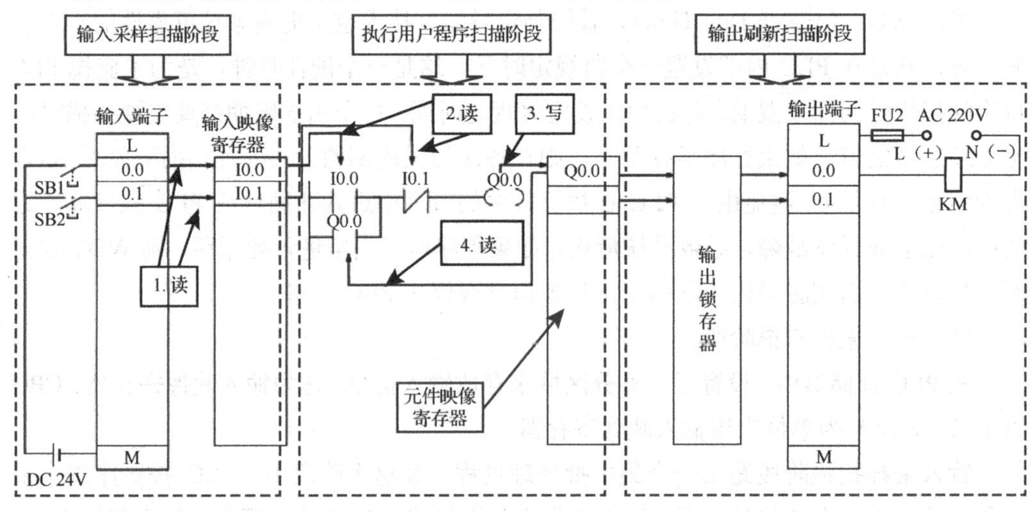

图 4-3　后 3 个扫描阶段

4.4　项目解决步骤

仔细用心熟读本项目的项目要求，找出输入和输出信号器件，输入信号器件一般是各种控制按钮、行程开关、传感器、保护器件等；输出信号器件一般是各种信号灯、指示灯、接触器线圈、电磁阀线圈和继电器线圈等。

步骤 1．输入和输出信号器件分析。

输入：启动按钮 SB1（常开触点）、停止按钮 SB2（常开触点）。

输出：电动机接触器 KM 线圈。

步骤 2．硬件组态。

（1）打开软件并命名。双击桌面快捷图标，打开 STEP 7-Micro/WIN SMART PLC 编程软件，单击“保存”按钮，命名为电动机启停 PLC 控制，选择存储路径，如图 4-4 所示。

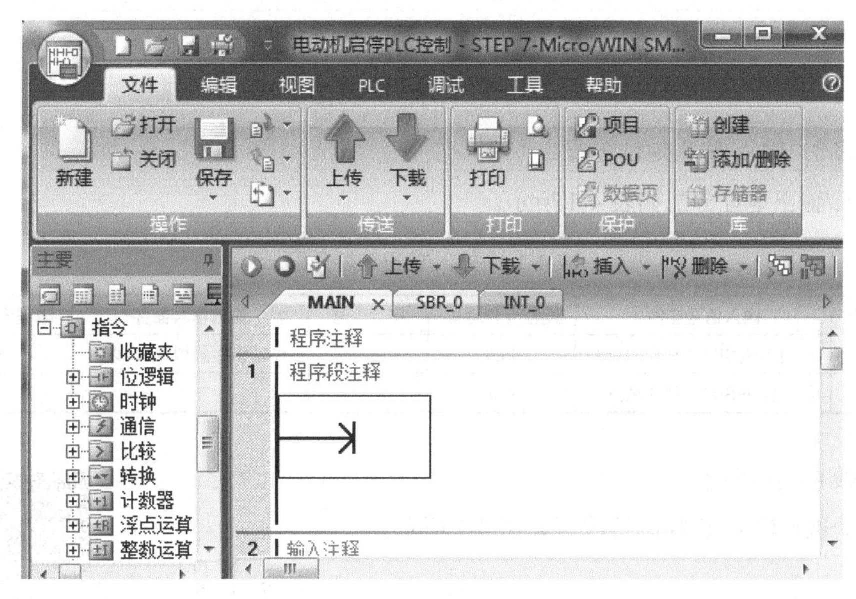

图 4-4　打开软件并命名

（2）硬件组态。

根据实际使用的 PLC 配置情况进行硬件组态。

首先单击“CPU ST 40”指令，再单击“系统块”对话框的“CPU”行的“模块”列的下拉按钮，根据实际购买的 CPU 型号，选择“CPU SR20（AC/DC/Relay）”，如图 4-5 所示。

注意：订货号与所购买的 CPU 的订货号一致。

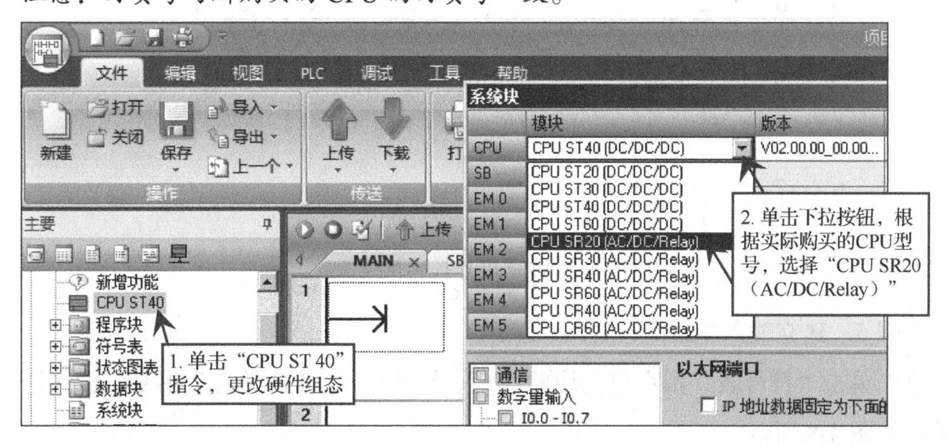

图 4-5　硬件组态操作过程

硬件组态结果如图 4-6 所示。

系统块

	模块	版本	输入	输出	订货号
CPU	CPU SR20 (AC/DC/Relay)	V02.00.00_00.00...	I0.0	Q0.0	6ES7 288-1SR20-0AA0
SB					
EM 0					

图 4-6　硬件组态结果

步骤 3．输入/输出地址分配。

输入/输出地址分配如表 4-1 所示。

表 4-1　输入/输出地址分配

序　号	输入信号器件	编程元件地址	序　号	输出信号器件	编程元件地址
1	启动按钮 SB1（常开触点）	I0.0	1	电动机接触器 KM 线圈	Q0.0
2	停止按钮 SB2（常开触点）	I0.1	—	—	—

步骤 4．接线图。

电动机启停 PLC 控制接线图如图 4-7 所示。

讲解电动机启停接线图

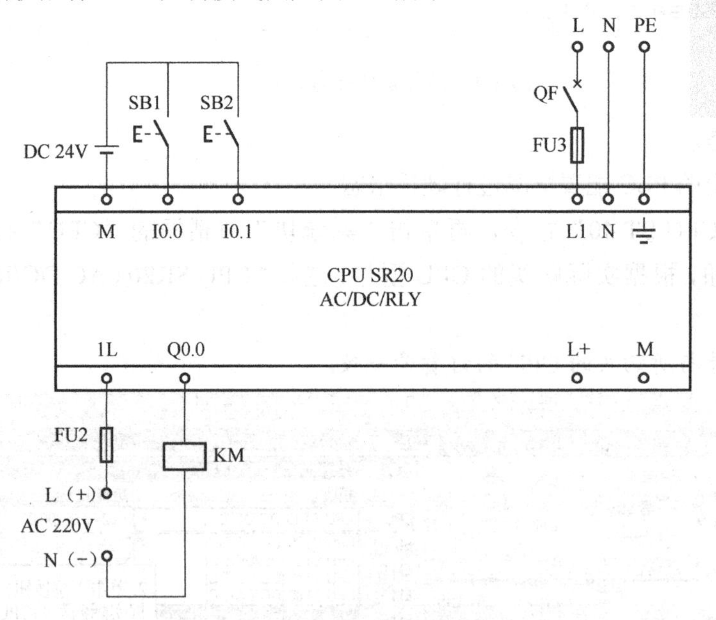

图 4-7　电动机启停 PLC 控制接线图

步骤 5．建立输入/输出符号表。

首先单击“符号表”指令包左边的“+”，然后单击“I/O 符号”指令，输入符号和地址，如图 4-8 所示。

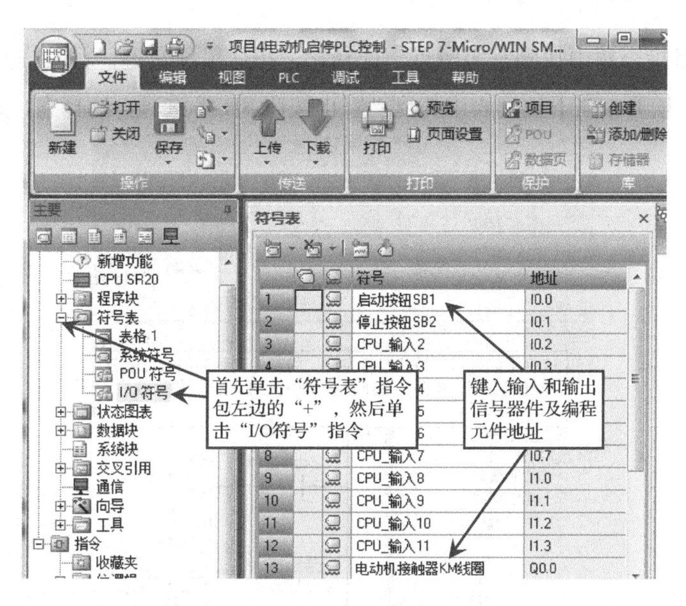

图 4-8　建立输入/输出符号表

步骤 6．用梯形图语言输入程序。

梯形图按从左到右、自上而下的顺序排列。每一逻辑行起始于左母线，然后是触点的串、并联连接，最后是线圈。在项目指令树中分别选择常开触点、常闭触点、输出线圈、并联自锁触点（左侧常开触点），并按住鼠标左键，依次拖放到程序编辑器中。

（1）在项目指令树中找到常开触点，选择它，按住鼠标左键，将其拖到程序编辑器中的指定位置，松开，在下拉列表中找到“启动按钮 SB1”选项，选择它，如图 4-9 所示。

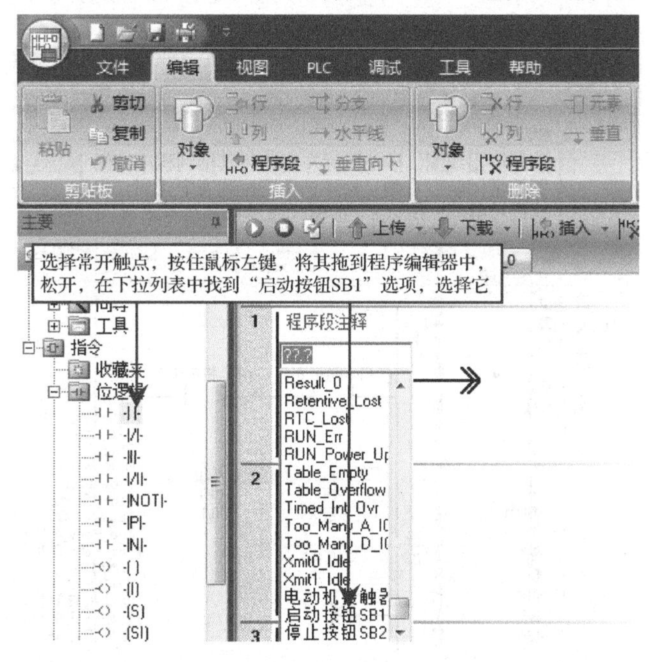

图 4-9　输入常开触点

（2）在项目指令树中找到常闭触点，选择它，按住鼠标左键，将其拖到程序编辑器的常开触点右侧，松开，在下拉列表中找到“停止按钮 SB2”选项，选择它，如图 4-10 所示。

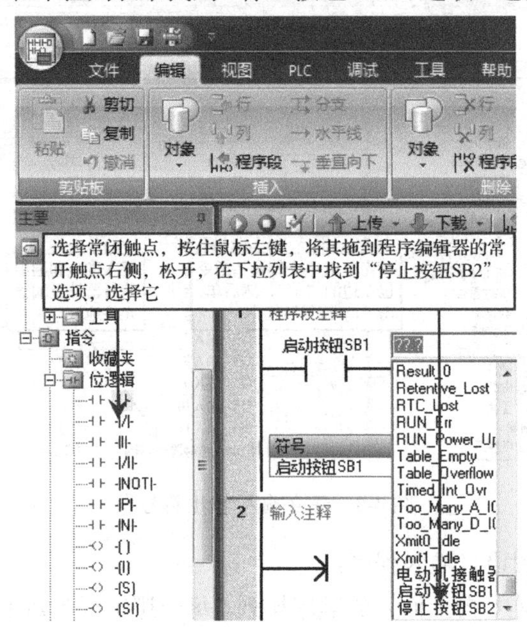

图 4-10　输入常闭触点

（3）在项目指令树中找到输出线圈，选择它，按住鼠标左键，将其拖到程序编辑器的常闭触点右侧，松开，在下拉列表中找到“电动机接触器 KM 线圈”选项，选择它，如图 4-11 所示。

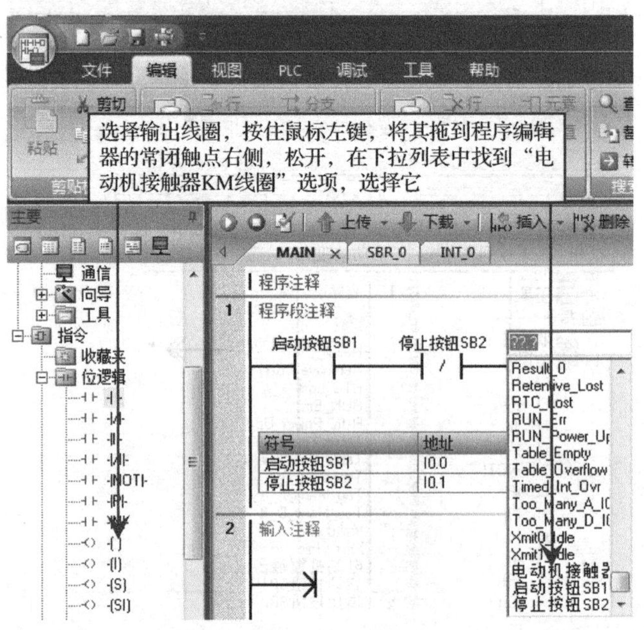

图 4-11　输入线圈

（4）在项目指令树中找到常开触点，选择它，按住鼠标左键，将其拖到程序编辑器中，松开，在下拉列表中找到“电动机接触器 KM 线圈”，选择它，如图 4-12 所示。

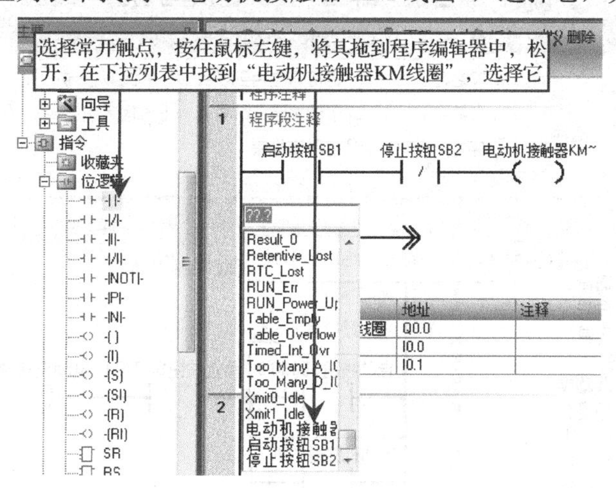

图 4-12　输入自锁触点

（5）单击常开触点，然后单击向上箭头，完成自锁触点操作，如图 4-13 所示。

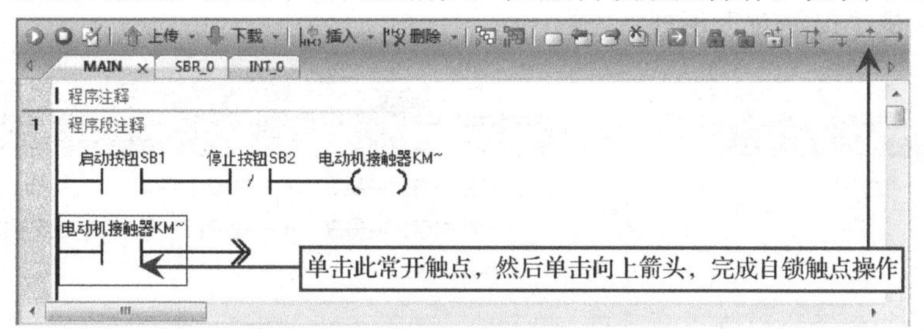

图 4-13　完成自锁触点操作

（6）电动机启停 PLC 控制梯形图输入完成，图 4-14 是“仅符号”形式。

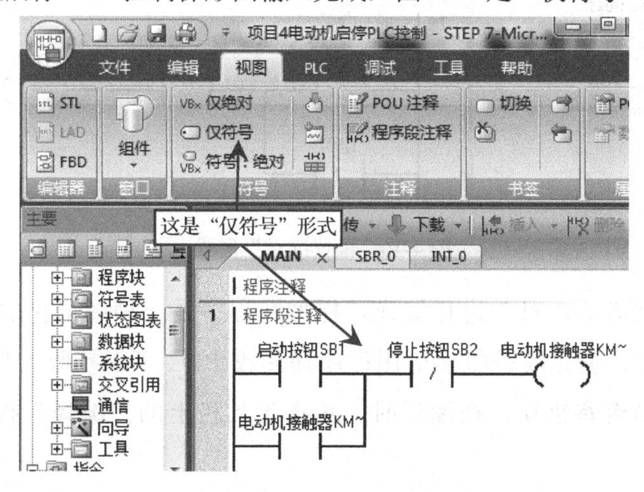

图 4-14　“仅符号”形式

图 4-15 是“符号：绝对”形式。

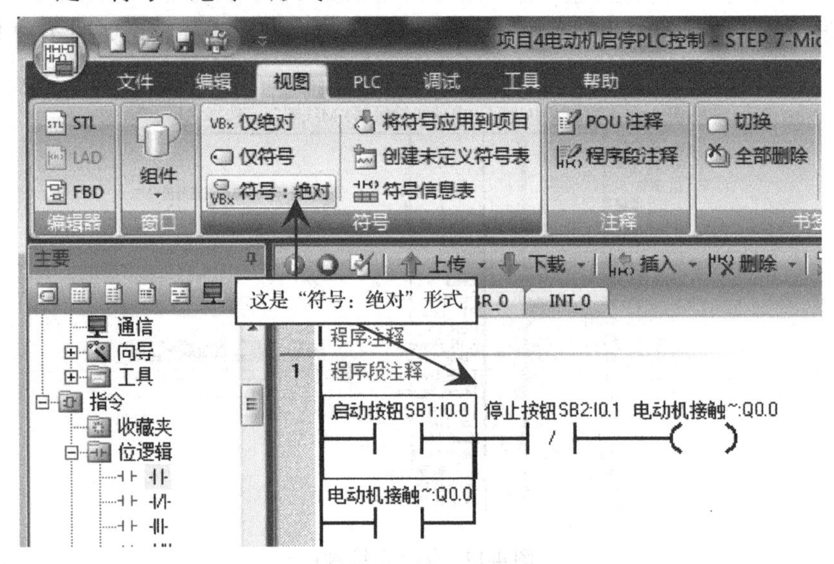

图 4-15 “符号：绝对”形式

图 4-16 是“仅绝对”形式。

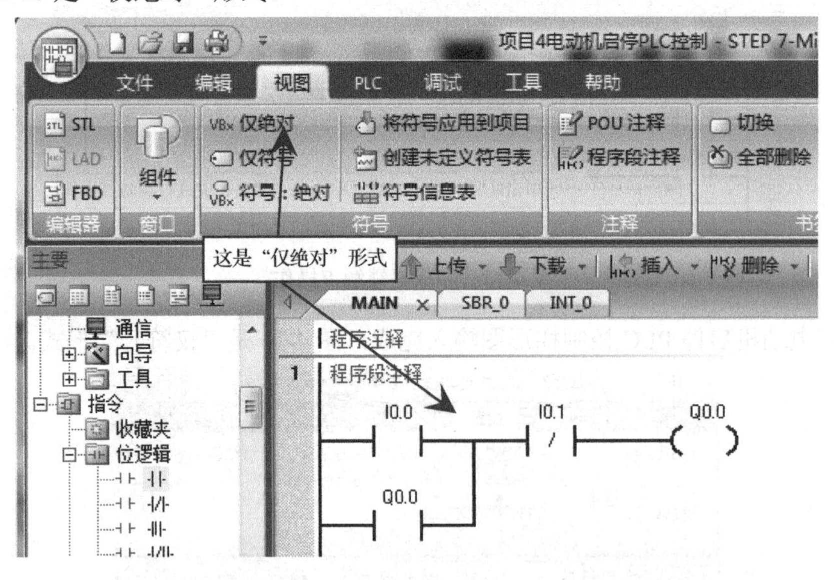

图 4-16 “仅绝对”形式

程序编写完成后，对其进行编译，梯形图程序是一种图形化的程序，PLC 不能读懂这种程序，编译就是将梯形图程序翻译成 PLC 可以接收的代码。另外，还可以检查程序是否有错误，在编译时，单击工具栏上的“编译”按钮，如图 4-17 所示。

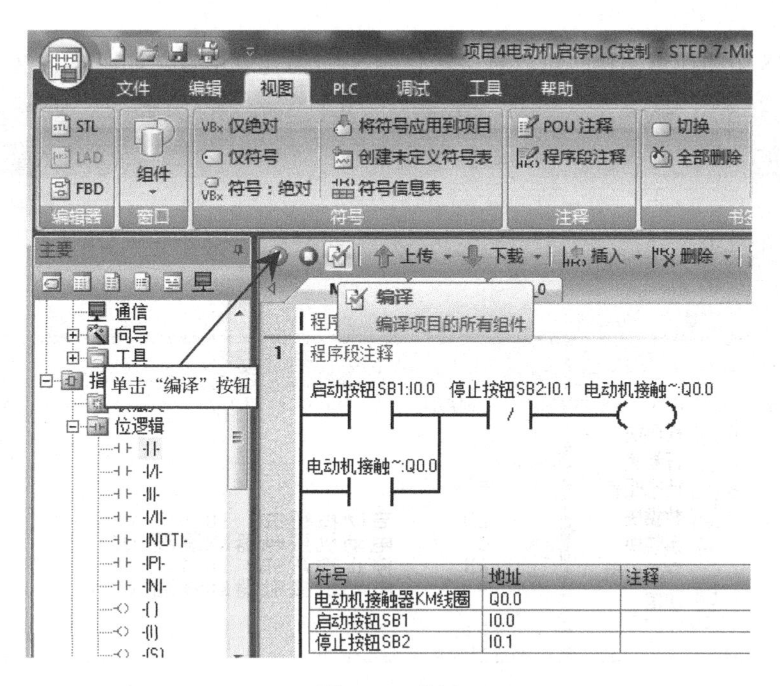

图 4-17　编译

程序编译完，在编程软件窗口下方会出现一个输出窗口，窗口中会有一些编译信息，如果窗口有 0 个错误，0 个警告，则表明编写的程序在语法上没有错误，如图 4-18 所示，单击“保存”按钮。如果提示有错误，则通常会有出错位置信息显示，找到错误并改正，再重新编译，直到无错误和警告。

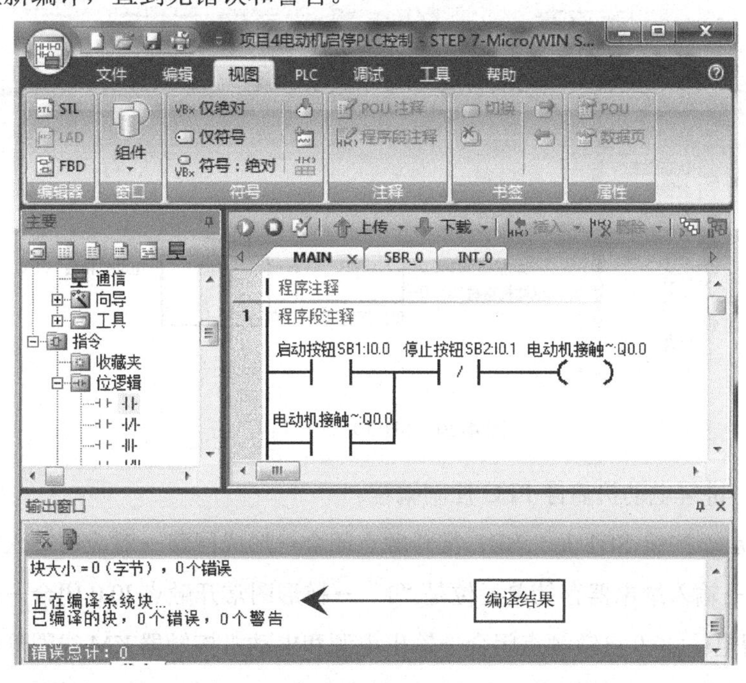

图 4-18　电动机启停 PLC 控制程序（编译完）

图 4-18 中的梯形图程序可以直接转化为 STL 语句表语言，如图 4-19 所示。

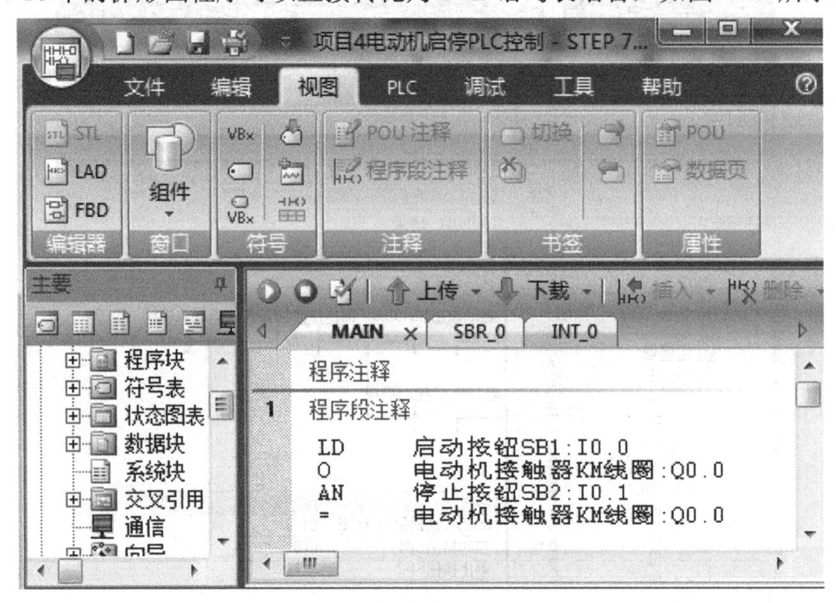

图 4-19　STL 语句表语言

另外，图 4-18 中的梯形图还可以直接转化为 FBD 功能块语言，如图 4-20 所示。

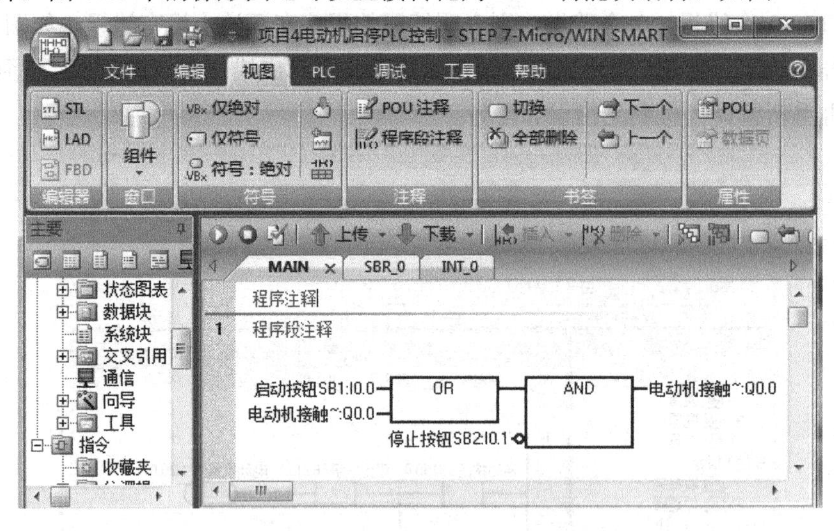

图 4-20　FBD 功能块语言

步骤 7．讲解电动机启停 PLC 控制编程。

当按下启动按钮 SB1 后，SB1 常开触点闭合→形成回路→对应的输入继电器的线圈 I0.0 得电→输入继电器存储单元位是“1”→梯形图常开触点 I0.0 闭合→输出继电器线圈 Q0.0 得电→Q0.0 自锁触点闭合→输出电源和电动机接触器 KM 线圈形成闭合回路→电动机接触器 KM 线圈得电→电动机主触点闭合→电动机启动，如图 4-21 所示。

讲解电动机启动

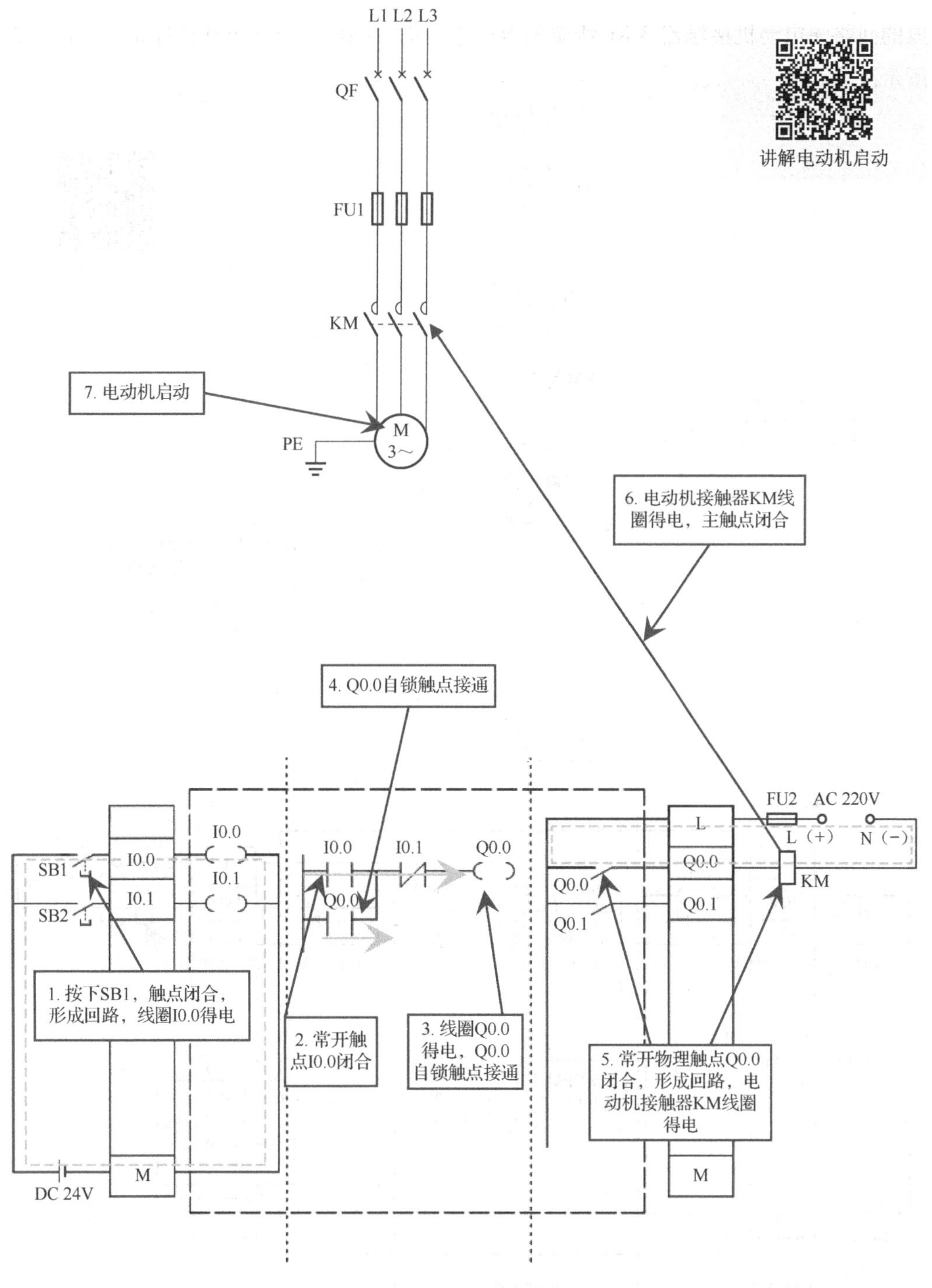

图 4-21　电动机启动

当按下停止按钮 SB2 后，SB2 常开触点闭合→形成回路→对应输入继电器的线圈 I0.1 得电→输入继电器的存储单元位是“1”→梯形图常闭触点 I0.1 断开→输出继电器线圈 Q0.0 失电→Q0.0 常开物理触点断开→断开了输出电源和电动机接触器 KM 线圈形成的回路→电动机接触器 KM 线圈失电→电动机主触点断开→电动机停止，如图 4-22 所示。

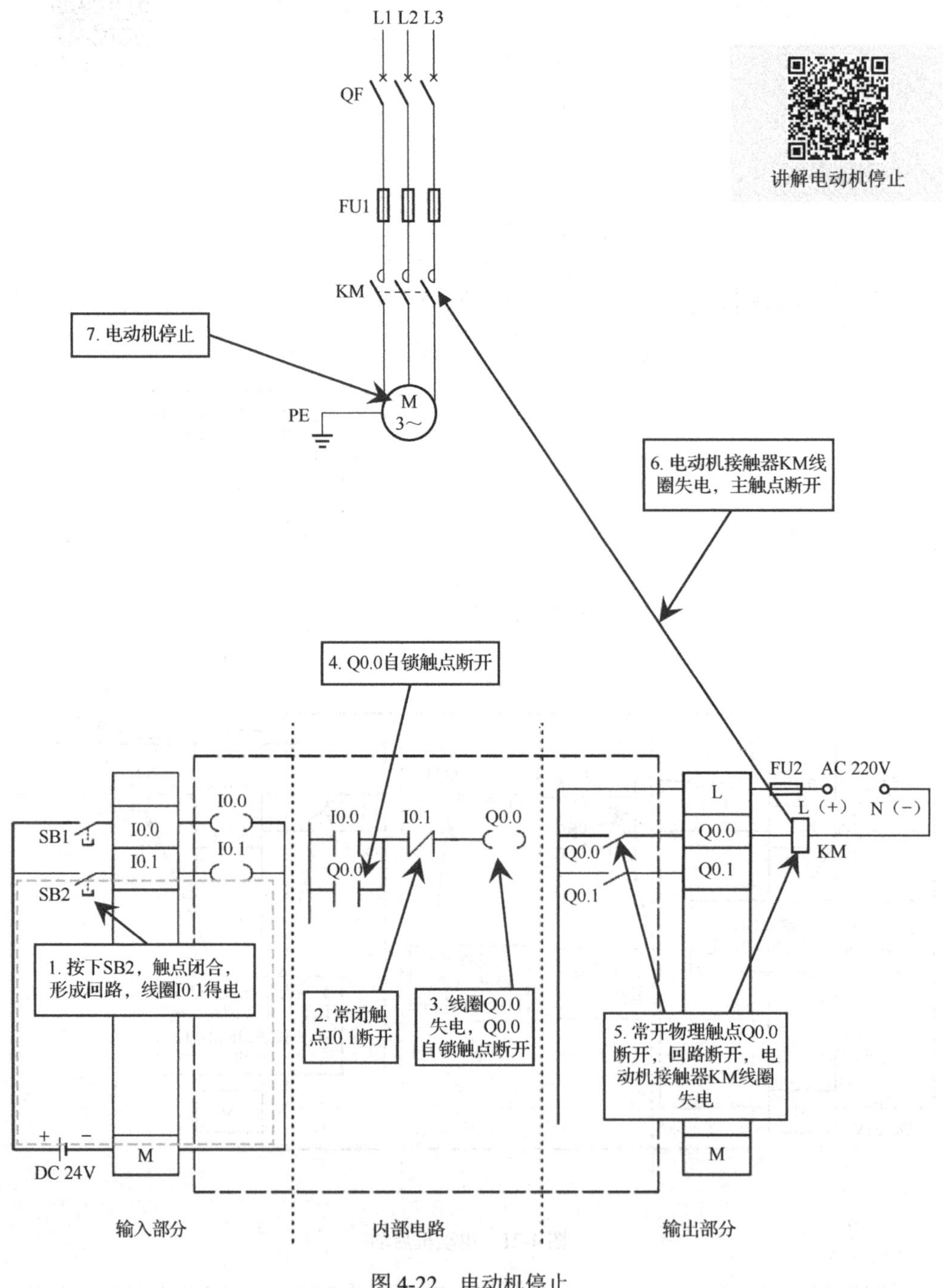

图 4-22　电动机停止

步骤 8．仿真调试程序。

单击“导出”下拉按钮，选择“POU”选项，如图 4-23 所示。

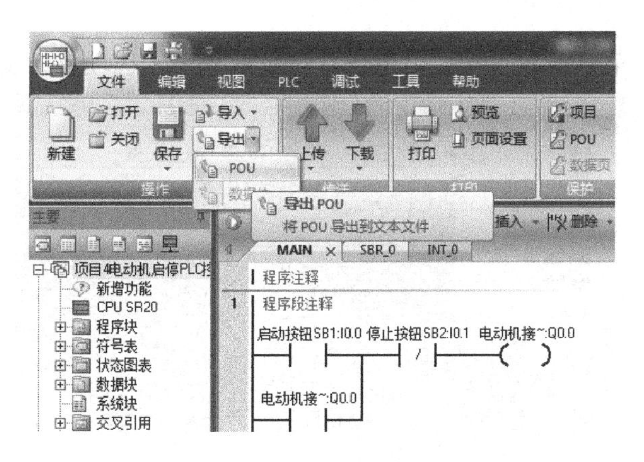

图 4-23　选择“POU”选项

将导出的程序块命名为“电动机启动停止 PLC 控制”，保存类型为“文本文件（*.awl）”，如图 4-24 所示。

图 4-24　导出程序块

打开仿真软件，输入密码，如图 4-25 所示。

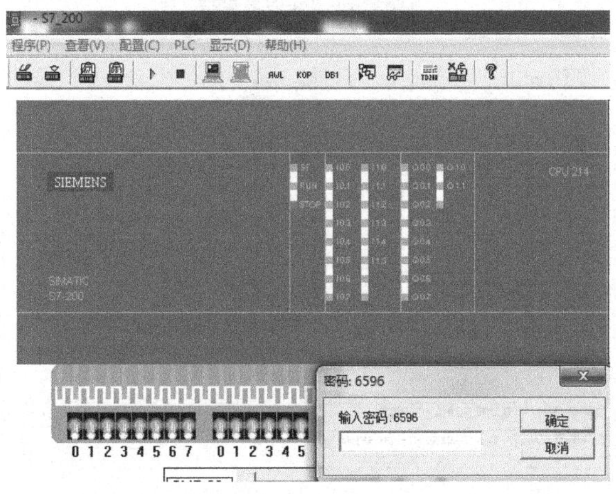

图 4-25　打开仿真软件

选择“程序”菜单，在下拉菜单中选择“装载程序”选项，如图 4-26 所示。

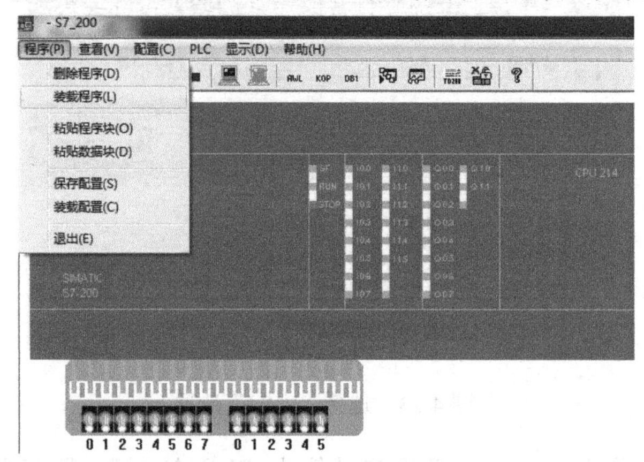

图 4-26　装载程序

在“装载程序”对话框中，单击“确定”按钮，如图 4-27 所示。

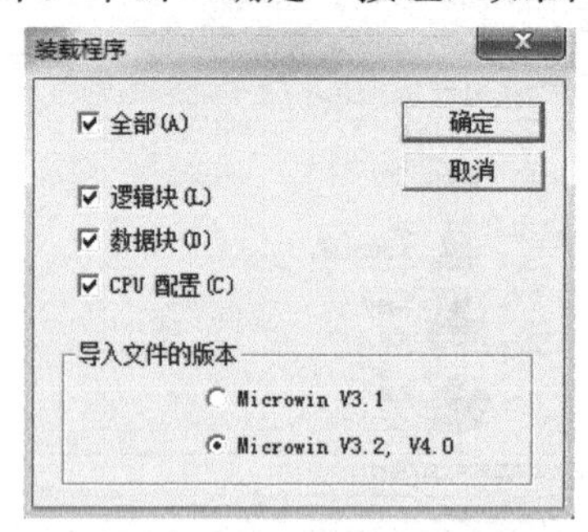

图 4-27　“装载程序”对话框

选择要装载的文件“电动机启动停止 PLC 控制.awl”，单击“打开”按钮，如图 4-28 所示。

图 4-28　选择要装载的文件

装载后的界面如图 4-29 所示。

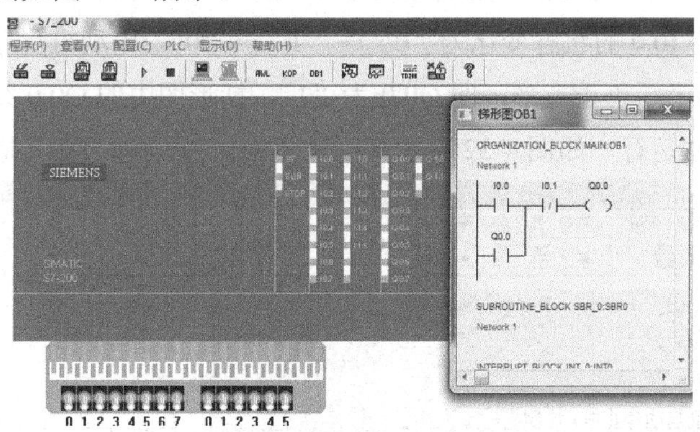

图 4-29　装载后的界面

单击“运行”按钮，切换到运行状态，在“RUN”对话框中单击“是”按钮，如图 4-30 所示。

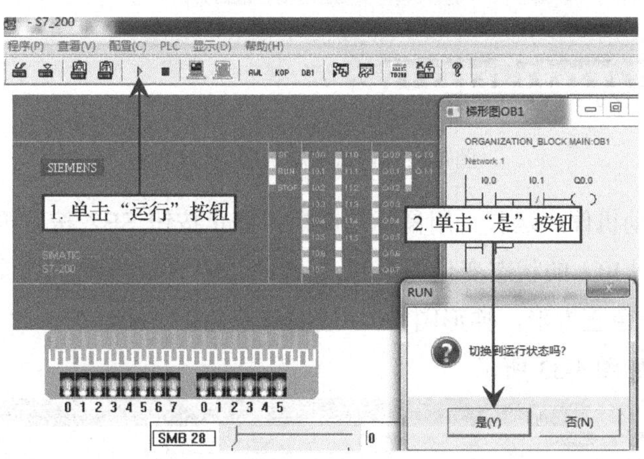

图 4-30　切换到运行状态

运行状态界面如图 4-31 所示。

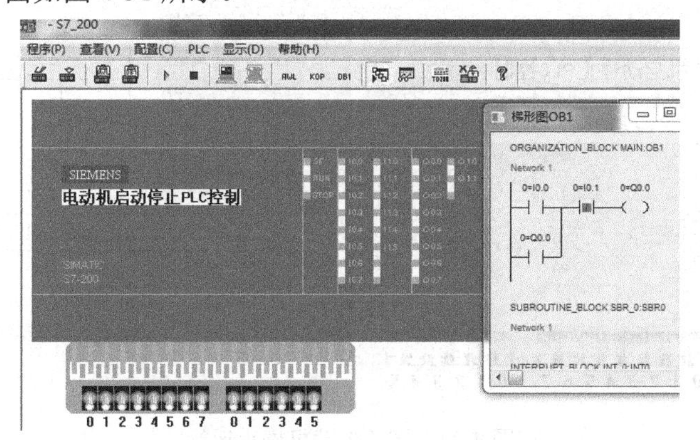

图 4-31　运行状态界面

（1）调试电动机启动运行。用鼠标左键模拟启动按钮 SB1 按下再松开，双击仿真器上的 I0.0，使得 I0.0 的状态变化为“0”→“1”→“0”。电动机启停程序执行后，仿真器中的 Q0.0 显示绿色正方形，即 Q0.0 为“1”，梯形图中的 Q0.0 线圈出现深蓝色正方形，电动机启动运行，如图 4-32 所示（因此处为黑白印刷，所以显示不出颜色）。

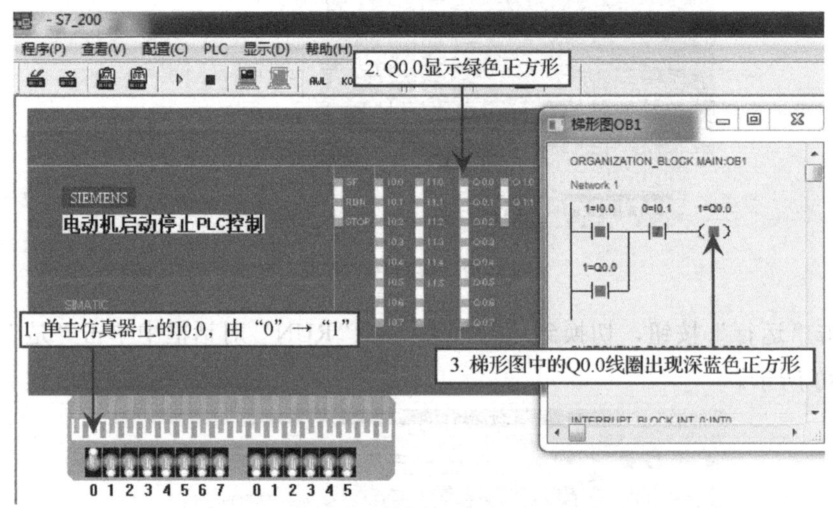

图 4-32 调试电动机启动运行

（2）调试电动机停止运行。用鼠标左键模拟停止按钮 SB2 按下再松开，双击仿真器上的 I0.1，使得 I0.1 的状态变化为“0”→“1”→“0”，电动机启停程序执行后，仿真器 Q0.0 显示灰色正方形，梯形图 Q0.0 线圈深蓝色正方形消失，即 Q0.0 为“0”，表示电动机停止，如图 4-33 所示。

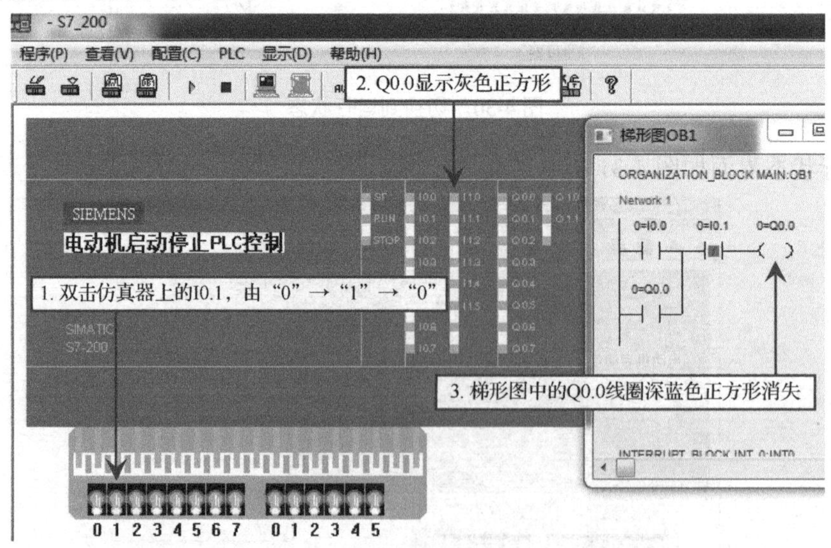

图 4-33 调试电动机停止运行

步骤9．联机调试。

（1）在全部断电的情况下，根据电动机启动停止PLC控制外部输入/输出接线正确，下载线连接正确。

（2）如果按下启动按钮SB1，电动机启动运行；按下停止按钮SB2，电动机停止，则表明在联机调试情况下，程序满足要求，联机调试成功。如果不能满足要求，则检查原因，修改程序，重新调试，直到满足要求。

巩固练习四

1．有一盏彩灯 HL，用一个开关控制它的亮灭，请用不同的指令编写程序，并调试正确。

要求：

（1）输入/输出信号器件分析。

（2）硬件组态。

（3）输入/输出地址分配。

（4）画出外部输入/输出接线图。

（5）建立符号表。

（6）编写控制程序。

（7）调试控制程序。

2．有一水池，通过启动按钮SB1启动一台水泵从水池抽水，把水抽到水箱中，如果水箱满，则通过停止按钮SB2停止水泵抽水。

要求：

（1）输入/输出信号器件分析。

（2）硬件组态。

（3）输入/输出地址分配。

（4）画出外部输入/输出接线图。

（5）建立符号表。

（6）编写控制程序。

（7）调试控制程序。

3．用红、黄、绿3个信号灯显示3台电机的运行情况，控制任务如下。

（1）每台电机分别由启动与停止按钮控制。

（2）当无电动机运行时红灯亮。

（3）当有一台电动机运行时黄灯亮。

（4）当有两台以上电动机（包括两台）运行时绿灯亮。

要求：

（1）输入/输出信号器件分析。

（2）硬件组态。

（3）输入/输出地址分配。

（4）画出外部输入/输出接线图。

（5）建立符号表。

（6）编写控制程序。

（7）调试控制程序。

4．风机监视。

控制任务：某设备有两台电动机，3 台风机，当设备处于工作状态时，如果风机有两台或 3 台转动，则绿色指示灯常亮；如果只有一台风机转动，则红色指示灯常亮；如果任何风机都不转动，则报警器响。当设备不工作时，指示灯不亮，报警器不响。

要求：

（1）输入/输出信号器件分析。

（2）硬件组态。

（3）输入/输出地址分配。

（4）画出外部输入/输出接线图。

（5）建立符号表。

（6）编写控制程序。

（7）调试控制程序。

5．设计一报警装置。

控制任务：具有声光报警功能，当故障发生时，报警灯亮，报警铃响，工作人员知道故障发生后，按下故障响应按钮，报警铃不响，报警灯仍然亮；故障解除后，报警灯灭。另外，还设置了测试报警灯和报警铃的按钮，用于平时检测报警灯和报警铃的好坏。

要求：

（1）输入/输出信号器件分析。

（2）硬件组态。

（3）输入/输出地址分配。

（4）画出外部输入/输出接线图。

（5）建立符号表。

（6）编写控制程序。

（7）调试控制程序。

项目 5

电动机正反转 PLC 控制

5.1 项目要求

讲解正反转项目要求

按下正转启动按钮 SB1，电动机正转接触器 KM1 线圈接通得电，其主触点接通，电动机正转启动；按下停止按钮 SB3，电动机正转接触器 KM1 线圈失电，其主触点断开，电动机停止转动。按下反转启动按钮 SB2，电动机反转接触器 KM2 线圈接通得电，其主触点接通，电动机反转启动；按下停止按钮 SB3，电动机反转接触器 KM2 线圈失电，其主触点断开，电动机停止转动，能够实现正转与反转之间的直接切换，如图 5-1 所示。

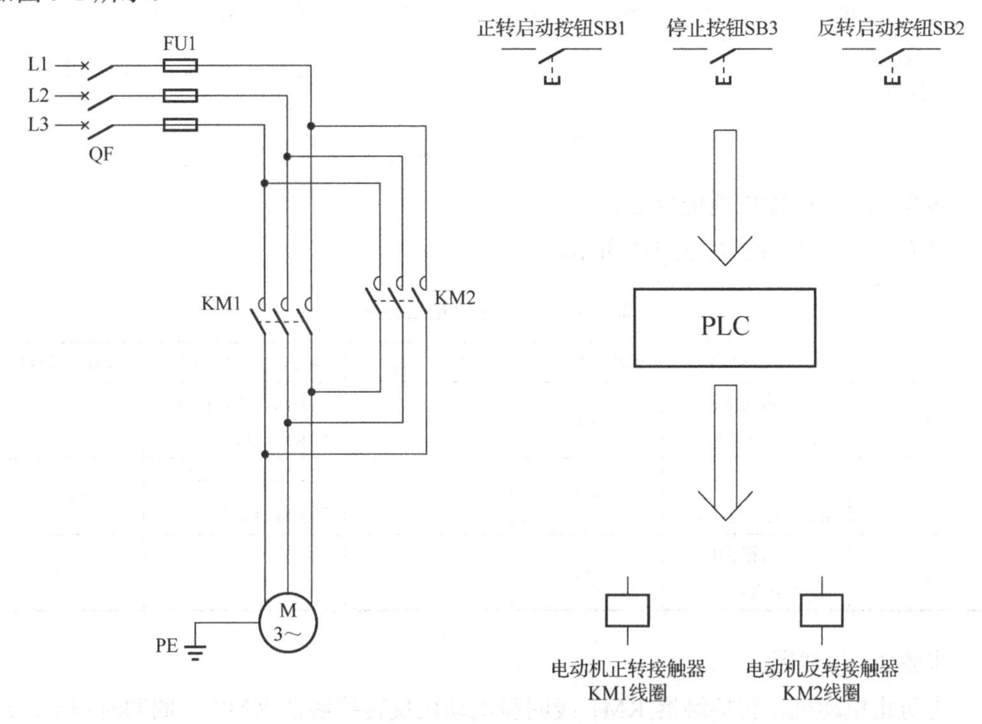

图 5-1　正反转 PLC 控制等效示意图

5.2 学习目标

1．掌握置位与复位指令的使用，并能用它们编写程序。
2．掌握触发器指令的使用，并能用它编写程序。
3．加深理解 PLC 的基本工作原理，并能独立叙述出来。
4．掌握跳变沿指令的使用，并能用它编写程序。

5.3 项目解决步骤

步骤 1．输入/输出信号器件分析。

输入：正转启动按钮 SB1（常开触点）、停止按钮 SB3（常开触点）、反转启动按钮 SB2（常开触点）。

输出：电动机正转接触器 KM1 线圈、电动机反转接触器 KM2 线圈。

步骤 2．硬件组态。

硬件组态如图 5-2 所示。

系统块

	模块	版本	输入	输出	订货号
CPU	CPU SR20 (AC/DC/Relay)	V02.00.00_00.00...	I0.0	Q0.0	6ES7 288-1SR20-0AA0
SB					
EM 0					

图 5-2　硬件组态

步骤 3．输入/输出地址分配。

输入/输出地址分配如表 5-1 所示。

表 5-1　输入/输出地址分配

序　号	输入信号器件名称	编程元件地址	序　号	输出信号器件名称	编程元件地址
1	正转启动按钮 SB1（常开触点）	I0.0	1	电动机正转接触器 KM1 线圈	Q0.0
2	反转启动按钮 SB2（常开触点）	I0.1	2	电动机反转接触器 KM2 线圈	Q0.1
3	停止按钮 SB3（常开触点）	I0.2	—	—	—

步骤 4．接线图。

为防止电动机正转接触器 KM1 线圈和电动机反转接触器 KM2 线圈同时得电，造成三相电源短路，在 PLC 外部设置了硬件线圈互锁电路。按地址接线，电动机正反转 PLC 控制接线图如图 5-3 所示。

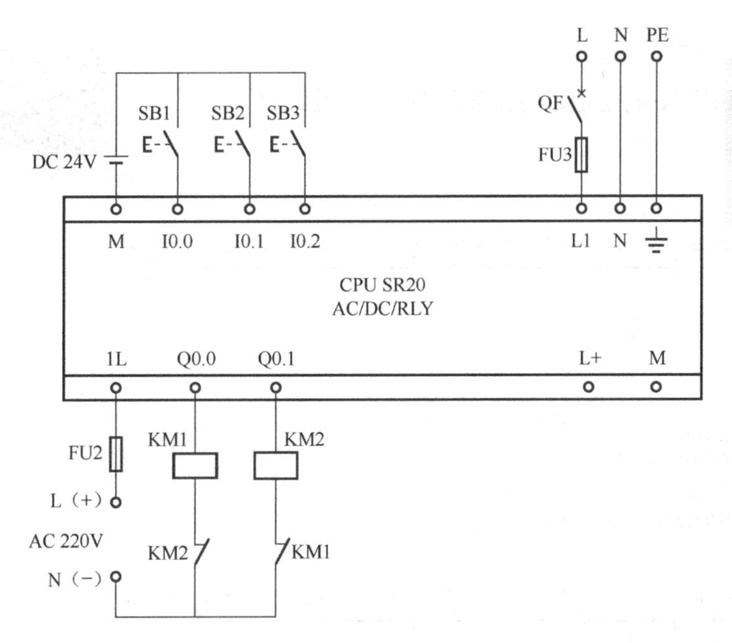

讲解正反转接线图

图 5-3　电动机正反转 PLC 控制接线图

步骤 5．建立输入/输出符号表。

在程序设计过程中，为了增加程序的可读性，可以建立符号。在左侧的项目指令树中，单击“符号表”指令包左边的“+”，再单击“I/O 符号”指令，建立输入/输出符号表，如图 5-4 所示。

图 5-4　建立输入/输出符号表

步骤 6．编写正反转控制程序。

根据项目要求和输入/输出地址分配编写程序，如图 5-5 所示。

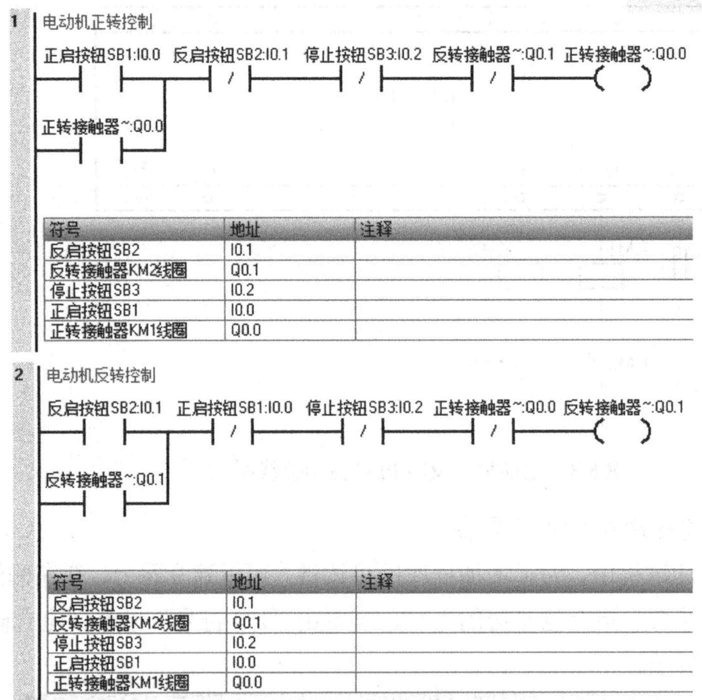

符号	地址	注释
反启按钮SB2	I0.1	
反转接触器KM2线圈	Q0.1	
停止按钮SB3	I0.2	
正启按钮SB1	I0.0	
正转接触器KM1线圈	Q0.0	

符号	地址	注释
反启按钮SB2	I0.1	
反转接触器KM2线圈	Q0.1	
停止按钮SB3	I0.2	
正启按钮SB1	I0.0	
正转接触器KM1线圈	Q0.0	

图 5-5　电动机正反转完整程序

步骤 7．联机调试。

（1）在断电情况下，连接给 PLC 供电的电源线，输入信号器件接线，输出器件暂时不接线，确保在连线正确的情况下进行送电、程序下载操作。

如果按下正转启动按钮 SB1，Q0.0 端子指示灯亮，表示电动机正转；按下停止按钮 SB3，Q0.0 端子指示灯灭，表示电动机停止转动；按下反转启动按钮 SB2，Q0.1 端子指示灯亮，表示电动机反转；按下停止按钮 SB3，Q0.1 端子指示灯灭，表示电动机停止转动，则说明能够实现正转与反转之间的直接切换，满足要求，调试成功。如果不能满足要求，则检查原因，修改程序，重新调试，直到满足要求。

（2）在断电情况下，将输出接触器线圈接线，线圈互锁接线，输出外部设备电源接线，主电路接线。确保在连线正确的情况下送电。

如果按下正转启动按钮 SB1，电动机正转，按下停止按钮 SB3，电动机停止转动；按下反转启动按钮 SB2，电动机反转，按下停止按钮 SB3，电动机停止转动，则说明能够实现正转与反转之间的直接切换，满足要求，调试成功。如果不能满足要求，则检查原因，修改程序，重新调试，直到满足要求。

5.4　相关知识

讲解置位与复位指令

5.4.1　置位与复位指令

在电动机启停控制程序中，如果梯形图中没有自锁常开触点 Q0.0，就一直要按着启动按钮，不能松开，这显然太麻烦，而下面要学习的指令可以解决这个问题。

置位指令 $\overset{\text{bit}}{\underset{\text{N}}{\text{-(S)}}}$：一种情况是当置位指令左边的逻辑运算结果为“1”时，置位指令执行，使指定位地址的内容为“1”。此时即使置位指令左边的逻辑运算结果变为“0”，位地址的内容还是“1”。例如，自锁功能不需要另外的自锁触点就可以保持位地址的内容为“1”，只有接通执行复位指令后，位地址的内容才为“0”。

另一种情况是当置位指令左边的逻辑运算结果为“0”时，置位指令没执行，指定位地址内容状态保持不变。

位地址可使用存储区 I、Q、V、M 等。置位指令中的 N 为从指定位地址开始的 N 位，可以为 1～255。

复位指令 $\overset{\text{bit}}{\underset{\text{N}}{\text{-(R)}}}$：一种情况是当复位指令左边的逻辑运算结果为“1”时，复位指令使指定位地址的内容为“0”。此时即使复位指令左边的逻辑运算结果变为“0”，位地址的内容还是为“0”。

另一种情况是当复位指令左边的逻辑运算结果为“0”时，指令没执行，指定位地址内容状态保持不变。

该指令可以对定时器或计数器位进行复位并清零定时器或计数器的当前值。位地址可使用存储区 I、Q、V、M、T、C 等。复位指令中的 N 为从指定位地址开始的 N 位，可以为 1～255。

注意：当置位指令和复位指令同时出现时，如果复位指令在置位指令后，则按照扫描的结果，最终执行的是复位指令；如果置位指令在复位指令后，则最终执行的是置位指令。

用置位和复位指令编写的电动机启停控制程序如图 5-6 所示。

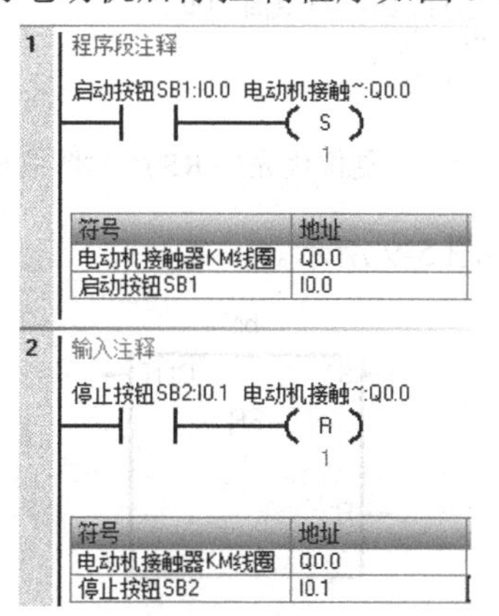

图 5-6　用置位和复位指令编写的电动机启停控制程序

5.4.2 触发器

复位优先型 RS 触发器如图 5-7 所示。

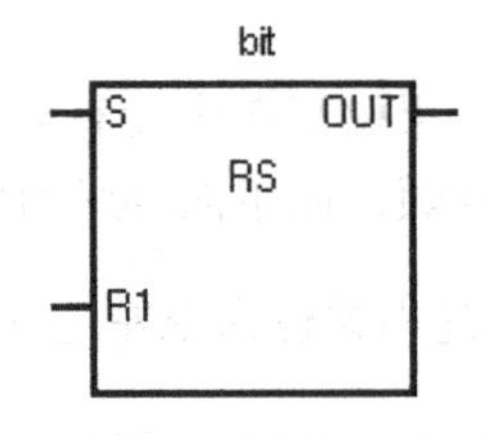

图 5-7 复位优先型 RS 触发器

当两个输入端 S 和 R1 都为“1”，即都接通时，复位输入最终有效，即执行复位功能，复位端有优先权，此时 bit 为“0”，输出端 OUT 为“0”。

当 S 端输入为“1”、R1 端输入为“0”时，bit 为“1”，输出端 OUT 为“1”。

当 S 端输入为“0”、R1 端输入为“1”时，bit 为“0”，输出端 OUT 为“0”。

当 S 端输入为“0”、R1 端输入为“0”时，bit 为先前状态，输出端 OUT 为先前状态。

bit 和输出端 OUT 对应的存储单元状态一致，存储区可使用 I、Q、V、M 等。

在电动机启停控制程序中，复位优先型 RS 触发器编程如图 5-8 所示，当按下启动按钮 SB1 时，常开触点 I0.0 接通，Q0.0 为“1”，电动机启动；当按下停止按钮 SB2 时，常开触点 I0.1 接通，Q0.0 为“0”，电动机停止。

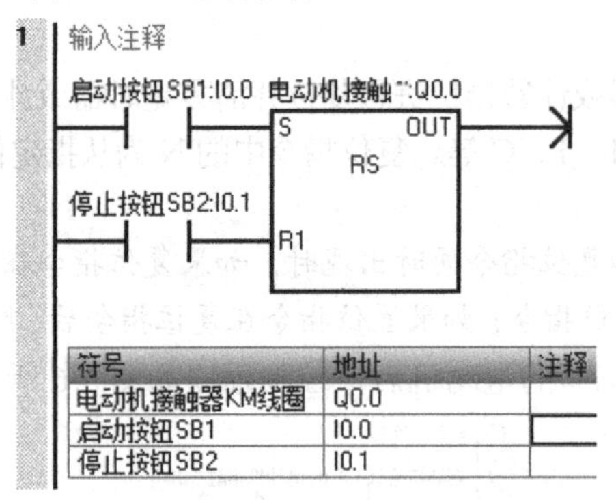

图 5-8 复位优先型 RS 触发器编程

置位优先型 SR 触发器如图 5-9 所示。

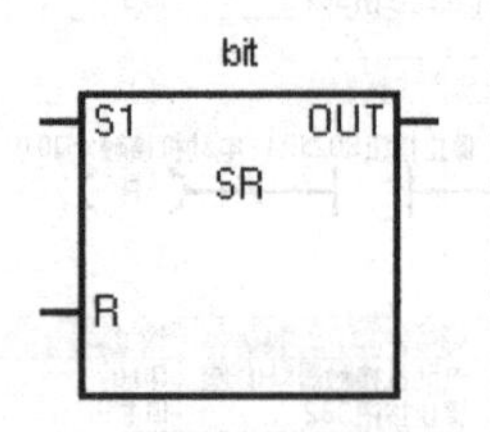

图 5-9 置位优先型 SR 触发器

当两个输入端 S1 和 R 都为“1”，即都接通时，置位输入最终有效，即执行置位功能，置位端有优先权，此时 bit 为“1”，输出端 OUT 为“1”。

当 S1 端输入为“1”、R 端输入为“0”时，bit 为“1”，输出端 OUT 为“1”。

当 S1 端输入为“0”、R 端输入为“1”时，bit 为“0”，输出端 OUT 为“0”。

当 S1 端输入为“0”、R 端输入为“0”时，bit 为先前状态，输出端 OUT 为先前状态。

Bit 和输出端 OUT 对应的存储单元状态一致，存储区可使用 I、Q、V、M 等。

5.4.3　跳变沿指令

讲解跳变沿指令

当信号状态由“0”变化到“1”时，会产生正跳沿（上升沿、前沿）；如果信号状态由“1”变化到“0”，则会产生负跳沿（下降沿、后沿）。

正跳沿指令：┤ P ├。当正跳沿指令左边的程序逻辑运算结果由 0 变为 1，即左边能流由断开变为接通时，该指令检测到一次正跳，能流只在该扫描周期内流过检测元件，右边的元件仅在当前扫描周期内通电，因为只有一个扫描周期，所以时间很短。

负跳沿指令：┤ N ├。当负跳沿指令左边的程序逻辑运算结果由 1 变为 0，即左边能流由接通变为断开时，该指令检测到一次负跳，能流只在该扫描周期内流过检测元件，右边的元件仅在当前扫描周期内通电，因为只有一个扫描周期，所以时间很短。

用跳变沿编写的启停控制程序如图 5-10 所示。

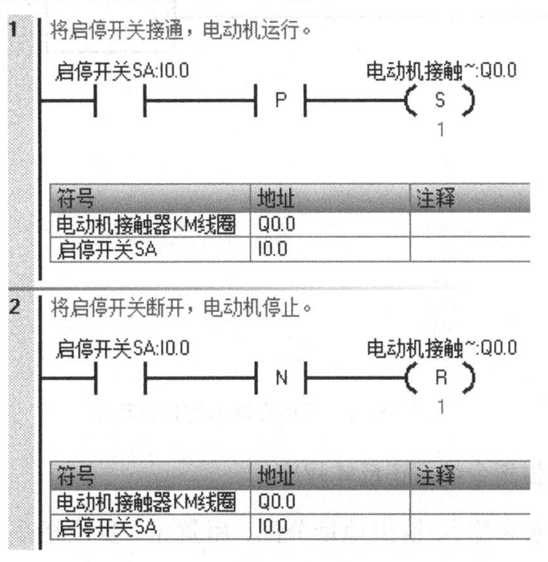

图 5-10　用跳变沿编写的启停控制程序

5.5 项目解决方法拓展

讲解用触发器编写正反转控制程序

1. 用触发器编写正反转控制程序

根据本项目要求和输入/输出地址分配，用触发器编写控制程序，如图 5-11 所示。

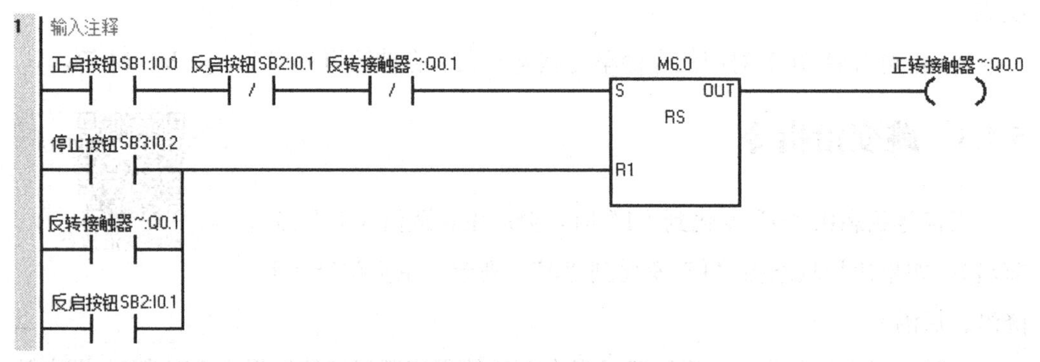

符号	地址	注释
反启按钮SB2	I0.1	
反转接触器KM2线圈	Q0.1	
停止按钮SB3	I0.2	
正启按钮SB1	I0.0	
正转接触器KM1线圈	Q0.0	

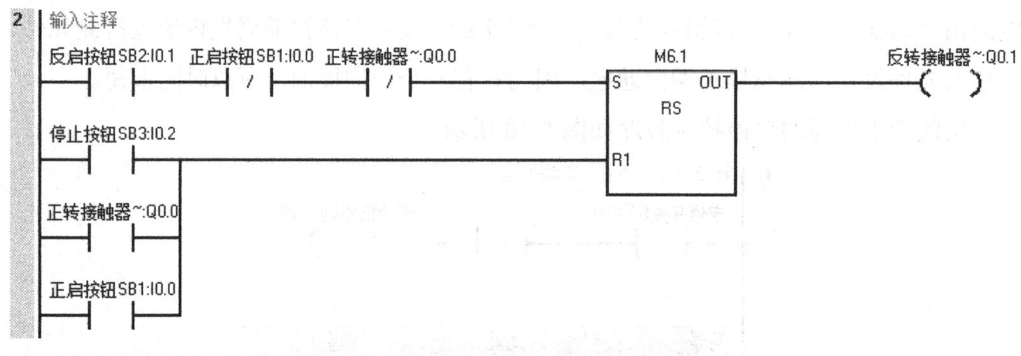

符号	地址	注释
反启按钮SB2	I0.1	
反转接触器KM2线圈	Q0.1	
停止按钮SB3	I0.2	
正启按钮SB1	I0.0	
正转接触器KM1线圈	Q0.0	

图 5-11 用触发器编写控制程序

讲解用置位、复位指令编写正反转程序

2. 用置位、复位指令编写正反转程序

根据本项目要求和输入/输出地址分配，用置位、复位指令编写正反转程序，如图 5-12 所示。

符号	地址	注释
反转接触器KM2线圈	Q0.1	
停止按钮SB3	I0.2	
正启按钮SB1	I0.0	
正转接触器KM1线圈	Q0.0	

符号	地址	注释
反启按钮SB2	I0.1	
反转接触器KM2线圈	Q0.1	
停止按钮SB3	I0.2	
正转接触器KM1线圈	Q0.0	

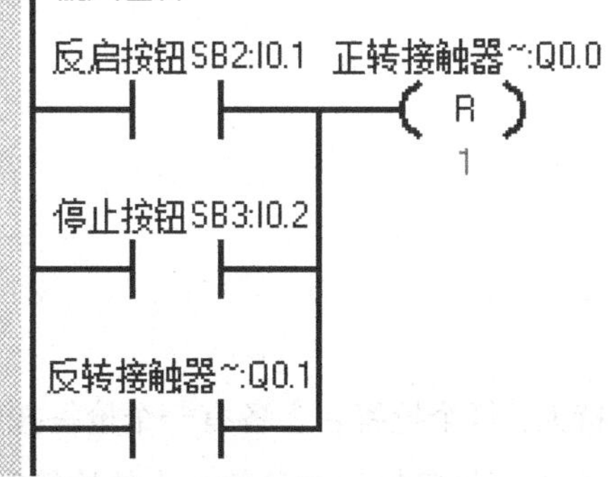

符号	地址	注释
反启按钮SB2	I0.1	
反转接触器KM2线圈	Q0.1	
停止按钮SB3	I0.2	
正转接触器KM1线圈	Q0.0	

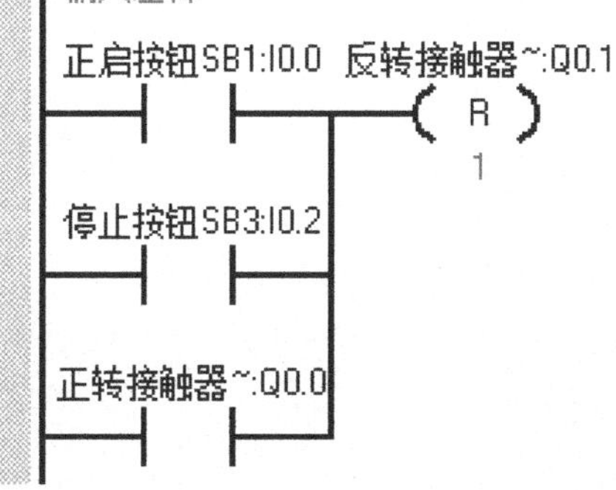

图 5-12　用置位、复位指令编写正反转程序

符号	地址	注释
反转接触器KM2线圈	Q0.1	
停止按钮SB3	I0.2	
正启按钮SB1	I0.0	
正转接触器KM1线圈	Q0.0	

图 5-12　用置位、复位指令编写正反转程序（续）

巩固练习五

1. 某双向运转的传送带采用两地控制，当传送带上的工件到达终端的指定位置后，自动停止运转，在传送带的两端均有启动按钮和停止按钮，并且均有工件检测传感器。

要求：

（1）输入/输出信号器件分析。

（2）硬件组态。

（3）输入/输出地址分配。

（4）画出外部输入/输出接线图。

（5）建立符号表。

（6）编写控制程序。

（7）调试控制程序。

2. 设置一抢答器 PLC 控制系统。

控制任务：有 3 个抢答台和一位主持人，每个抢答台上各有一个抢答按钮和一盏抢答指示灯。参赛者在允许抢答时，第一个按下抢答按钮的抢答台上的抢答指示灯会亮，且松开抢答按钮后，抢答指示灯仍会亮，此后其他两个抢答台上的抢答按钮即使按下，抢答指示灯也不会亮。这样，主持人就可以知道谁是第一个按下抢答按钮的，该题回答结束后，主持人按下主持台上的复位按钮，抢答指示灯灭，又可以进行下一题的抢答。

要求：

（1）输入/输出信号器件分析。

（2）硬件组态。

（3）输入/输出地址分配。

（4）画出外部输入/输出接线图。

（5）建立符号表。

（6）编写控制程序。

（7）调试控制程序。

3．5 站点呼叫小车。

控制任务：一辆小车在一条线路上运行，线路上有 1、2、3、4、5 共 5 个站点，每个站点各设一个行程开关和一个呼叫按钮。要求无论小车在哪个站点，当某个站点按下按钮后，小车将自动行进到呼叫点，如图 5-13 所示。

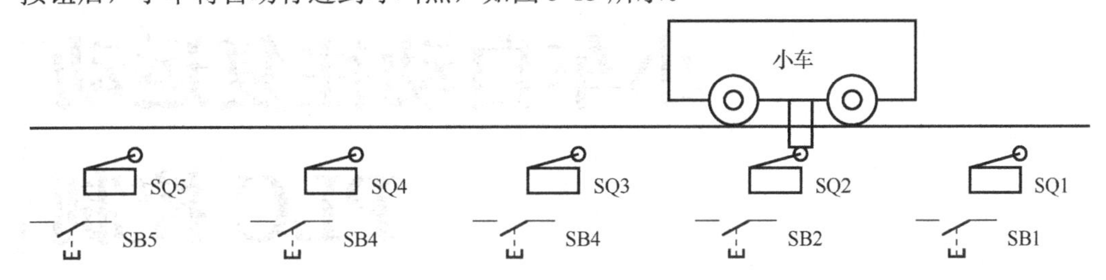

图 5-13　5 站点呼叫小车示意图

要求：

（1）输入/输出信号器件分析。

（2）硬件组态。

（3）输入/输出地址分配。

（4）画出外部输入/输出接线图。

（5）建立符号表。

（6）编写控制程序。

（7）调试控制程序。

项目 6
小车自动往复运动 PLC 控制

6.1　项目要求

小车由交流电动机驱动，改变电动机的旋转方向（正反转）就可以改变小车的运动方向。按下启动按钮 SB1 后，电动机驱动小车运动，当小车运动到极限位置时，由行程开关 SQ1 或 SQ2 检测到并发出停止信号，同时自动发出返回信号，只要不按下停止按钮 SB2，小车将继续这种自动往复运动。小车电动机通过热继电器 FR 做过载保护，采用热继电器实现过载保护，使电动机免受长期过载的危害，即当电流超过电动机额定电流一定倍数时，其 FR 动断触头应能在一定时间内断开，达到停止电动机的目的。故障排除后，热继电器 FR 由人工进行复位。小车运行过程如图 6-1 所示。

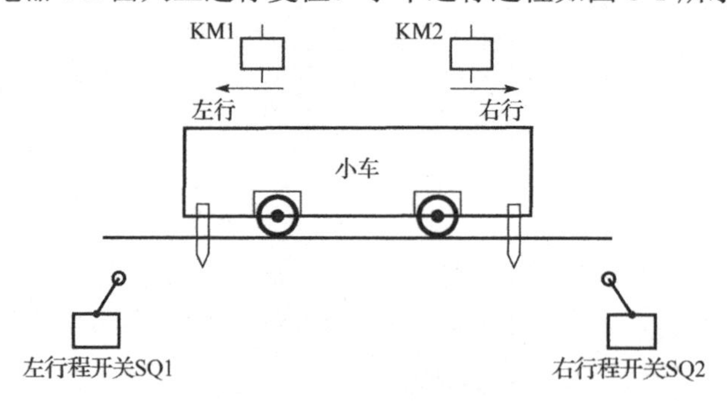

图 6-1　小车运行过程

6.2　学习目标

1. 巩固对置位/复位指令、触发器和输出线圈的应用能力，并用它们编写小车自动往复运动程序。

2．掌握行程控制类编程方法，并能够独立编写程序。

3．掌握电动机过载保护热继电器 FR 常闭触点在编程中的应用，并能够叙述如何应用。

4．提高编程及调试能力。

6.3　项目解决步骤

步骤 1．输入和输出信号器件分析。

说明：常开触点又称动合触点，常闭触点又称动断触点。

输入：启动按钮 SB1（动合触点）、停止按钮 SB2（动合触点）、左行程开关 SQ1（动合触点）、右行程开关 SQ2（动合触点）、热继电器 FR（动断触点）。

输出：左行接触器 KM1 线圈，右行接触器 KM2 线圈。

步骤 2．硬件组态。

硬件组态如图 6-2 所示。

系统块

	模块	版本	输入	输出	订货号
CPU	CPU SR20 (AC/DC/Relay)	V02.00.00_00.00...	I0.0	Q0.0	6ES7 288-1SR20-0AA0
SB					
EM 0					

图 6-2　硬件组态

步骤 3．输入/输出地址分配。

输入/输出地址分配如表 6-1 所示。

表 6-1　输入/输出地址分配

序　号	输入信号器件名称	编程元件地址	序　号	输出信号器件名称	编程元件地址
1	启动按钮 SB1（动合触点）	I0.0	1	左行接触器 KM1 线圈	Q0.0
2	停止按钮 SB2（动合触点）	I0.1	2	右行接触器 KM2 线圈	Q0.1
3	左行程开关 SQ1（动合触点）	I0.2	—	—	—
4	右行程开关 SQ2（动合触点）	I0.3	—	—	—
5	热继电器 FR（动断触点）	I0.4	—	—	—

步骤 4．接线图。

小车自动往复运动接线图如图 6-3 所示。

讲解小车接线图

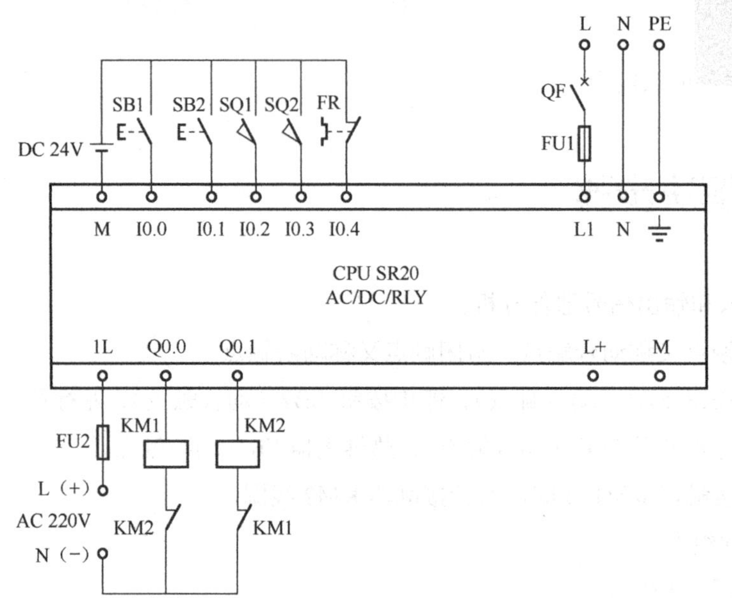

图 6-3　小车自动往复运动接线图

步骤 5．建立符号表。

小车自动往复运动符号表如图 6-4 所示。

主要

新增功能
CPU SR20
程序块
符号表
表格 1
系统符号
POU 符号
I/O 符号
状态图表
数据块
系统块
交叉引用
通信
向导
工具
指令
收藏夹
位逻辑

符号表

			符号	地址
1			启动按钮SB1（动合）	I0.0
2			停止按钮SB2（动合）	I0.1
3			左限位SQ1（动合）	I0.2
4			右限位SQ2（动合）	I0.3
5			热继电器FR（动断）	I0.4
6			CPU_输入5	I0.5
7			CPU_输入6	I0.6
8			CPU_输入7	I0.7
9			CPU_输入8	I1.0
10			CPU_输入9	I1.1
11			CPU_输入10	I1.2
12			CPU_输入11	I1.3
13			左行接触器KM1线圈	Q0.0
14			右行接触器KM2线圈	Q0.1

图 6-4　小车自动往复运动符号表

步骤 6．编写小车控制程序。

通过小车自动往复运动 PLC 控制等效工作电路图（见图 6-5）理解热继电器 FR 的常闭触点的编程方法。

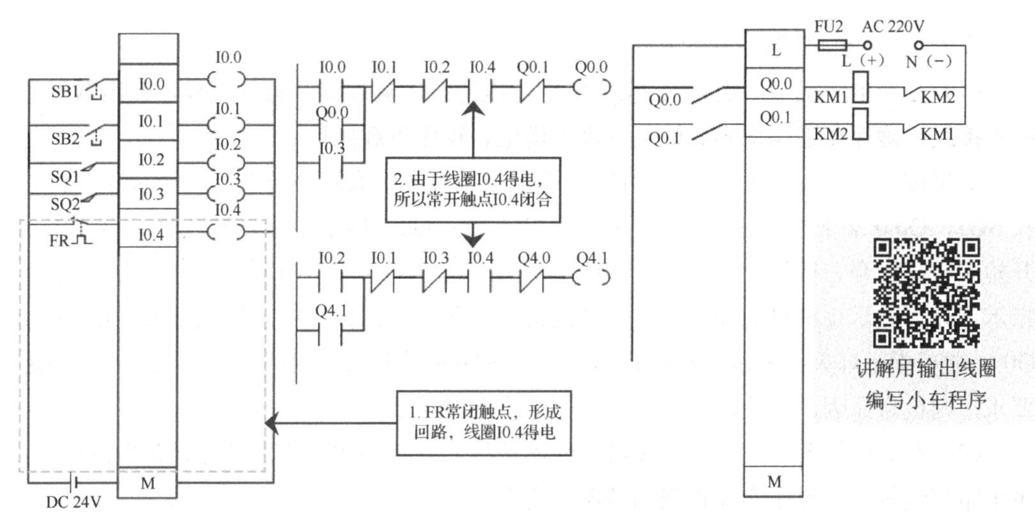

图 6-5　小车自动往复运动 PLC 控制等效工作电路图

用输出线圈编写小车自动往复运动程序，如图 6-6 所示。

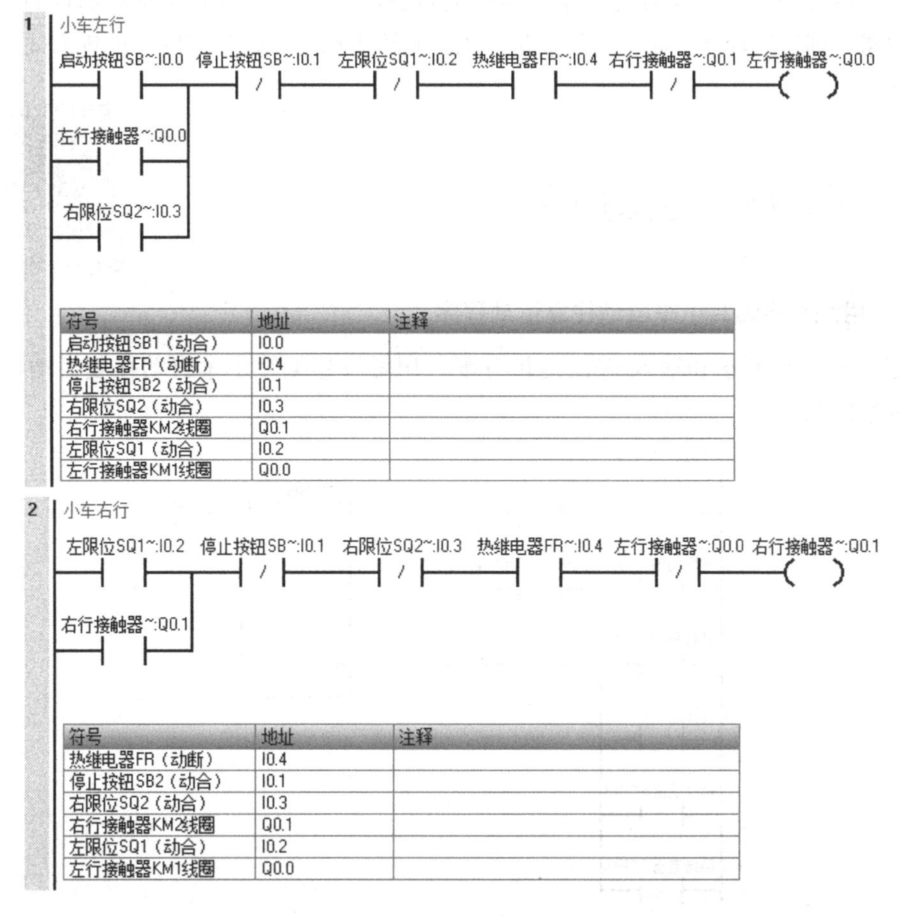

符号	地址	注释
启动按钮SB1（动合）	I0.0	
热维电器FR（动断）	I0.4	
停止按钮SB2（动合）	I0.1	
右限位SQ2（动合）	I0.3	
右行接触器KM2线圈	Q0.1	
左限位SQ1（动合）	I0.2	
左行接触器KM1线圈	Q0.0	

符号	地址	注释
热维电器FR（动断）	I0.4	
停止按钮SB2（动合）	I0.1	
右限位SQ2（动合）	I0.3	
右行接触器KM2线圈	Q0.1	
左限位SQ1（动合）	I0.2	
左行接触器KM1线圈	Q0.0	

图 6-6　用输出线圈编写小车自动往复运动程序

步骤 7．联机调试。

（1）在断电情况下，连接给 PLC 供电的电源线，输入信号器件接线，输出器件暂时不接线，确保在连线正确的情况下进行送电、程序下载操作。

如果按下正转启动按钮 SB1，Q0.0 端子指示灯亮，表示小车左行；压合左行程开关 SQ1，Q0.0 端子指示灯灭，表示小车停止左行；Q0.1 端子指示灯亮，表示小车自动开始右行；压合右行程开关 SQ2，Q0.1 端子指示灯灭，表示小车停止右行；Q0.0 端子指示灯亮，表示小车自动开始左行，如此自动循环下去；按下停止按钮 SB3，Q0.0 或 Q0.1 端子指示灯灭，表示小车停止运动，则表明满足要求，调试成功。如果不能满足要求，则检查原因，修改程序，重新调试，直到满足要求。

（2）在断电情况下，将输出接触器线圈接线，互锁接线，输出外部设备电源接线，主电路接线等。确保在连线正确的情况下送电。

按下启动按钮后，电动机驱动小车运动，当小车运动到极限位置时，由行程开关 SQ1 或 SQ2 检测到并发出停止信号，同时自动发出返回信号。只要不按下停止按钮，小车将继续这种自动往复运动。当小车电动机过载时，能达到停止电动机的目的。如果满足要求，则调试成功；如果不能满足要求，则检查原因，修改程序，重新调试，直到满足要求。

6.4 项目解决方法拓展

讲解用触发器编写小车程序

1．用触发器编写小车自动往复运动程序

根据本项目要求和输入/输出地址分配，用触发器编写小车自动往复运动程序，如图 6-7 所示。

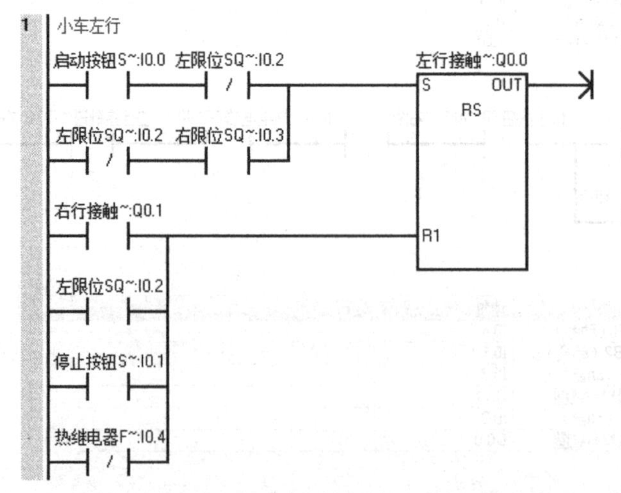

图 6-7　用触发器编写小车自动往复运动程序

符号	地址	注释
启动按钮SB1（动合）	I0.0	
热继电器FR（动断）	I0.4	
停止按钮SB2（动合）	I0.1	
右限位SQ2（动合）	I0.3	
右行接触器KM2线圈	Q0.1	
左限位SQ1（动合）	I0.2	
左行接触器KM1线圈	Q0.0	

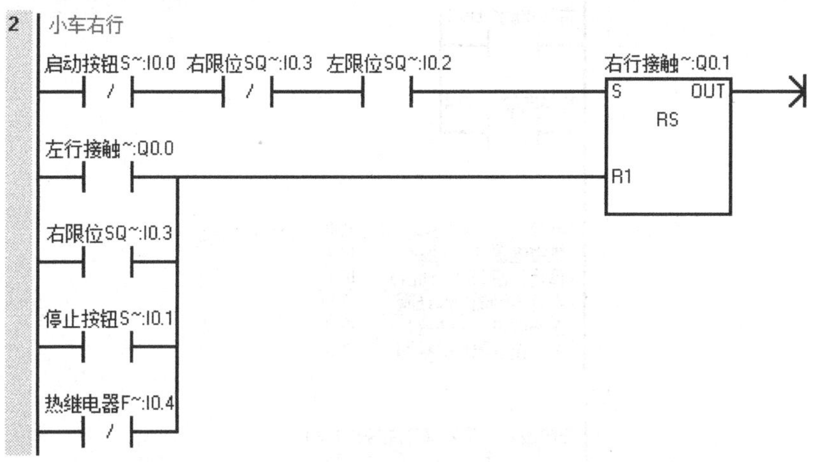

符号	地址	注释
启动按钮SB1（动合）	I0.0	
热继电器FR（动断）	I0.4	
停止按钮SB2（动合）	I0.1	
右限位SQ2（动合）	I0.3	
右行接触器KM2线圈	Q0.1	
左限位SQ1（动合）	I0.2	
左行接触器KM1线圈	Q0.0	

图 6-7　用触发器编写小车自动往复运动程序（续）

2. 用置位和复位指令编写小车自动往复运动程序

讲解用置位和复位指令编写小车程序

根据本项目要求和输入/输出地址分配，用置位和复位指令编写小车自动往复运动程序，如图 6-8 所示。

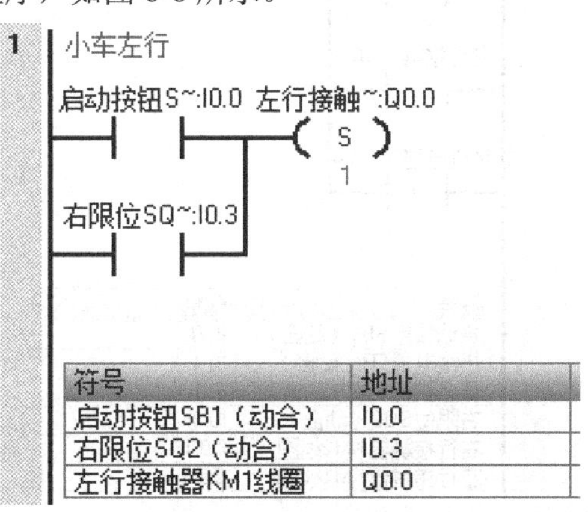

符号	地址
启动按钮SB1（动合）	I0.0
右限位SQ2（动合）	I0.3
左行接触器KM1线圈	Q0.0

图 6-8　用复位和置位指令编写小车自动往复运动程序

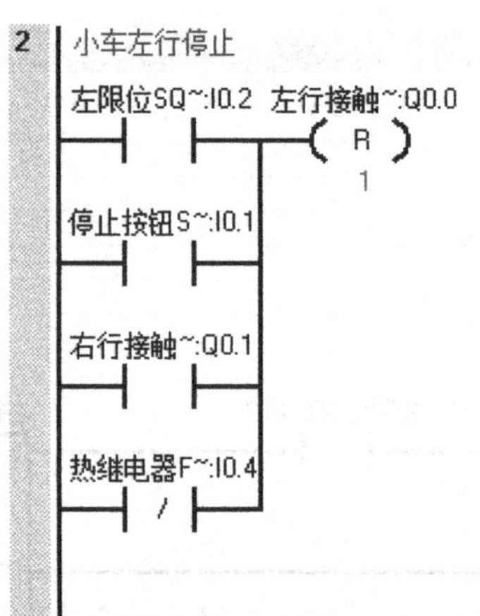

符号	地址
热继电器FR（动断）	I0.4
停止按钮SB2（动合）	I0.1
右行接触器KM2线圈	Q0.1
左限位SQ1（动合）	I0.2
左行接触器KM1线圈	Q0.0

3 小车右行

左限位SQ~:I0.2　右行接触~:Q0.1

S

1

符号	地址
右行接触器KM2线圈	Q0.1
左限位SQ1（动合）	I0.2

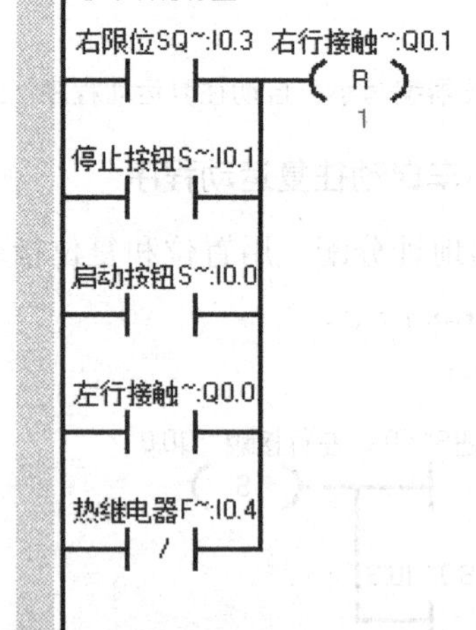

符号	地址
启动按钮SB1（动合）	I0.0
热继电器FR（动断）	I0.4
停止按钮SB2（动合）	I0.1
右限位SQ2（动合）	I0.3
右行接触器KM2线圈	Q0.1
左行接触器KM1线圈	Q0.0

图 6-8　用复位和置位指令编写小车自动往复运动程序（续）

巩固练习六

1．采用一个按钮控制两台电动机依次启动。

控制要求：按下启动按钮 SB1，第一台电动机 M1 启动，松开启动按钮 SB1，第二台电动机 M2 启动，这样可使两台电动机按顺序启动；当按下停止按钮 SB2 时，两台电动机都停止。

要求：

（1）输入/输出信号器件分析。

（2）硬件组态。

（3）输入/输出地址分配。

（4）画出外部输入/输出接线图。

（5）建立符号表。

（6）编写控制程序。

（7）调试控制程序。

2．汽车车库卷帘门自动控制。

某车库自动卷帘门如图 6-9 所示。用 PLC 控制，用钥匙开关选择大门的控制方式，钥匙开关有 3 个位置，分别是停止、手动、自动，在停止位置时，不能对大门进行控制；在手动位置时，可用按钮开门和关门；在自动位置时，可由汽车司机控制，当汽车到达大门前时，由司机发出开门超声波编码，超声波开关收到正确的编码后，输出逻辑 1 信号，通过 PLC 控制开启大门。

用光电开关检测车辆的进入，当车辆进入大门时，光电开关检测到车辆的进入，此时它发出的红外线被挡住，输出逻辑 1 信号；当车辆进入大门后，红外线不受遮挡，输出逻辑 0 信号，关闭大门。

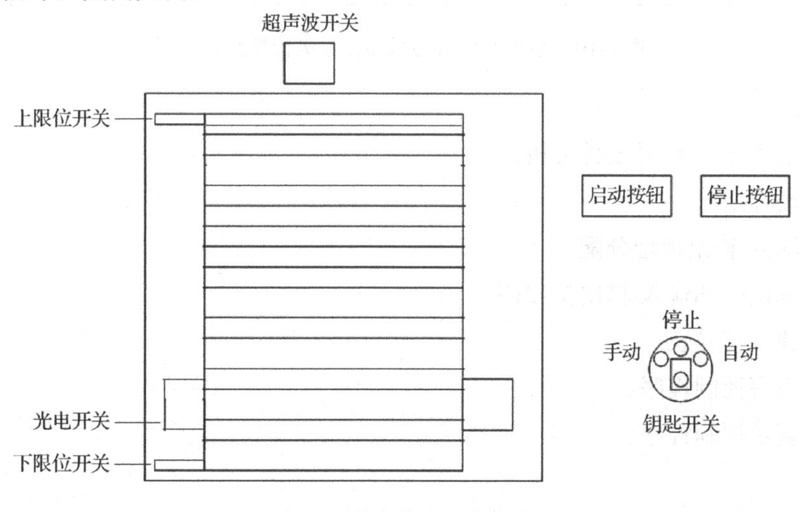

图 6-9　某车库自动卷帘门

要求：

（1）输入/输出信号器件分析。

（2）硬件组态。

（3）输入/输出地址分配。

（4）画出外部输入/输出接线图。

（5）建立符号表。

（6）编写控制程序。

（7）调试控制程序。

3．小车 5 位自动循环往返运行。

用三相异步电动机拖动一辆小车在 *A*、*B*、*C*、*D*、*E* 这 5 个位置之间自动循环往返运行，小车初始在 *A* 点，按下启动按钮，小车依次前进到 *B*、*C*、*D*、*E* 点，并分别返回到 *A* 点停止，如图 6-10 所示。

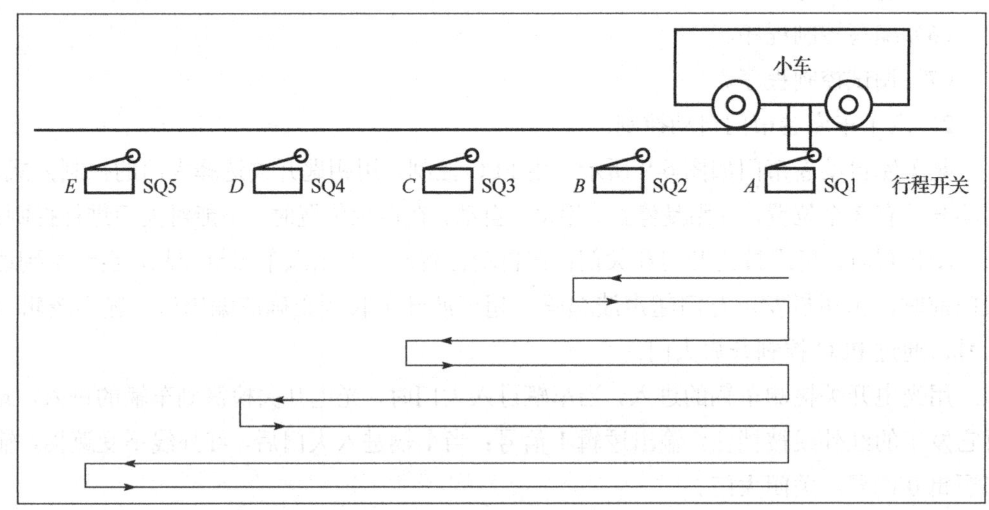

图 6-10　小车 5 位自动循环往返运行控制示意图

要求：

（1）输入/输出信号器件分析。

（2）硬件组态。

（3）输入/输出地址分配。

（4）画出外部输入/输出接线图。

（5）建立符号表。

（6）编写控制程序。

（7）调试控制程序。

项目 7

三相异步电动机星形-三角形降压启动 PLC 控制

讲解星-三角降压启动项目要求

7.1 项目要求

当按下启动按钮 SB1 后，电源接触器 KM1 线圈和星形接触器 KM2 线圈得电，KM1 和 KM2 的主触点接通，电动机 M 以星形连接降压启动。电动机 M 以星形连接运行 10s 后，星形接触器 KM2 线圈失电，KM2 的主触点断开，三角形接触器 KM3 线圈得电，KM3 主触点接通，电动机 M 以三角形连接做全压运行。当按下停止按钮 SB2 后，电动机 M 停止转动。如果电动机过载，则热继电器 FR 触点（常闭触点）动作，电动机 M 因过载保护而停止，如图 7-1 所示。

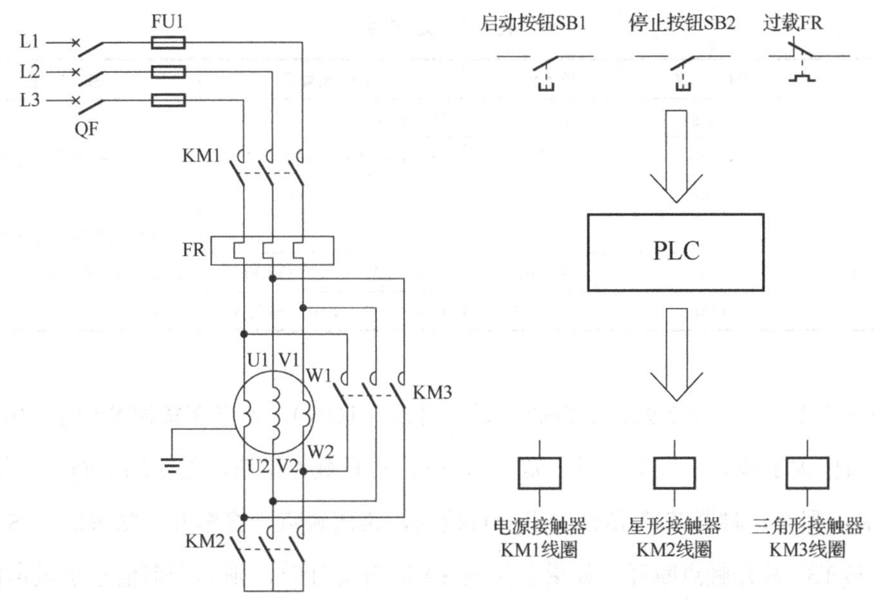

图 7-1　三相异步电动机星形-三角形降压启动 PLC 控制示意图

7.2 学习目标

1. 掌握定时器指令的应用，并能用它编写程序。

2. 掌握电动机星形-三角形降压启动 PLC 控制的原理，并能够独立叙述出来。

3. 提高编程及联机调试能力。

4. 巩固热继电器 FR 触点（常闭触点）的应用，并能够叙述如何用它编程。

7.3 相关知识（定时器指令）

（1）时基是定时器的计时单位，有 100ms、10ms、1ms 3 种。所选的定时器时基由定时器的编号决定，具体如表 7-1 所示。

（2）当定时器累计到设定值时，对应的触点就会动作，设定值可以用一个 16 位有符号常数直接给定，也可以通过一个字寄存器直接给定，定时时间=时基×设定值。

（3）当前值是定时器运行的过程变量值。

定时器按照定时开始方式不同又可分为接通延时定时器和关断延时定时器，按照是否累计又分为累计型定时器和不累计型定时器，具体如表 7-1 所示。

表 7-1 定时器

类　别	时　基	最大值/s	定时器编号	备　注
TONR	1ms	32.767	T0，T64	有记忆接通延时定时器
	10ms	327.67	T1～T4，T65～T68	
	100ms	3276.7	T5～T31，T69～T95	
TON/TOF	1ms	32.767	T32，T96	TON 接通延时定时器，TOF 关断延时定时器（都无记忆）
	10ms	327.67	T33～T36，T97～T100	
	100ms	3276.7	T37～T63，T101～T255	

如图 7-2 所示，对于无记忆接通延时定时器（TON），如果在接通 SA 时开始计时，则当当前值大于或等于设定值时，定时器 T37 常开触点接通，常闭触点断开，如果不断开 SA，那么定时器 T37 常开触点一直接通，常闭触点一直断开；如果断开 SA，那么定时器 T37 常开触点断开。如果在接通 SA 时开始计时，则当当前值小于设定值时，定时器 T37 常开触点不动作，常闭触点也不动作。

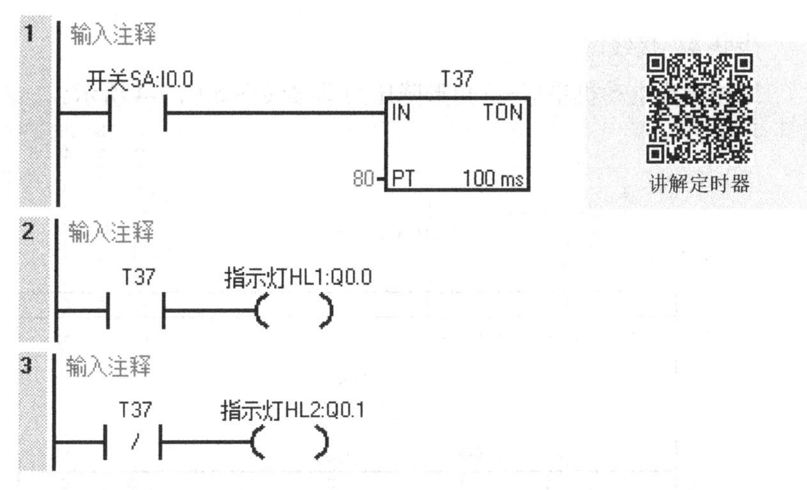

图 7-2　无记忆接通延时定时器应用例子

其他两种定时器可以在学完本定时器的基础上，通过打开 SMART PLC 软件，选择指令，按 F1 键来帮助自学。

7.4　项目解决步骤

步骤 1．输入和输出信号器件分析。

输入：启动按钮 SB1、停止按钮 SB2、热继电器 FR。

输出：电源接触器 KM1 线圈、星形接触器 KM2 线圈、三角形接触器 KM3 线圈。

步骤 2．硬件组态。

硬件组态如图 7-3 所示。

系统块

	模块	版本	输入	输出	订货号
CPU	CPU SR20 (AC/DC/Relay)	V02.00.00_00.00...	I0.0	Q0.0	6ES7 288-1SR20-0AA0
SB					
EM 0					

图 7-3　硬件组态

步骤 3．输入/输出地址分配。

输入/输出地址分配如表 7-2 所示。

表 7-2　输入/输出地址分配

序　　号	输入信号器件名称	编程元件地址	序　　号	输出信号器件名称	编程元件地址
1	启动按钮 SB1（常开触点）	I0.0	1	电源接触器 KM1 线圈	Q0.0
2	停止按钮 SB2（常闭触点）	I0.1	2	星形接触器 KM2 线圈	Q0.1
3	热继电器 FR（常闭触点）	I0.2	3	三角形接触器 KM3 线圈	Q0.2

步骤 4．接线图。

三相异步电动机星形-三角形降压启动接线图如图 7-4 所示。

讲解星-三角降压启动接线图

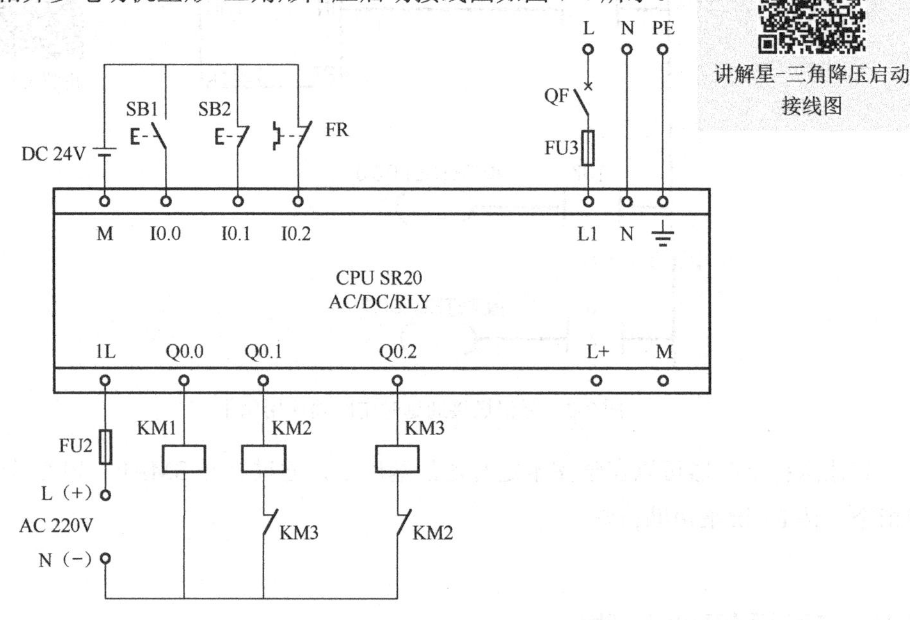

图 7-4　三相异步电动机星形-三角形降压启动接线图

步骤 5．建立符号表。

三相异步电动机星形-三角形降压启动 PLC 控制符号表如图 7-5 所示。

	符号	地址
1	启动按钮SB1（常开触点）	I0.0
2	停止按钮SB2（常闭触点）	I0.1
3	FR（常闭触点）	I0.2
4	CPU_输入3	I0.3
5	CPU_输入4	I0.4
6	CPU_输入5	I0.5
7	CPU_输入6	I0.6
8	CPU_输入7	I0.7
9	CPU_输入8	I1.0
10		I1.1
11	CPU_输入10	I1.2
12	CPU_输入11	I1.3
13	电源接触器KM1线圈	Q0.0
14	星形接触器KM2线圈	Q0.1
15	三角接触器KM3线圈	Q0.2

图 7-5　三相异步电动机星形-三角形降压启动 PLC 控制符号表

步骤 6．编写三相异步电动机星形-三角形降压启动程序。

根据项目要求和输入/输出地址分配，用输出线圈编写程序，如图 7-6 所示。

讲解用输出线圈编写星-三角降压启动程序

1　电源接触器控制

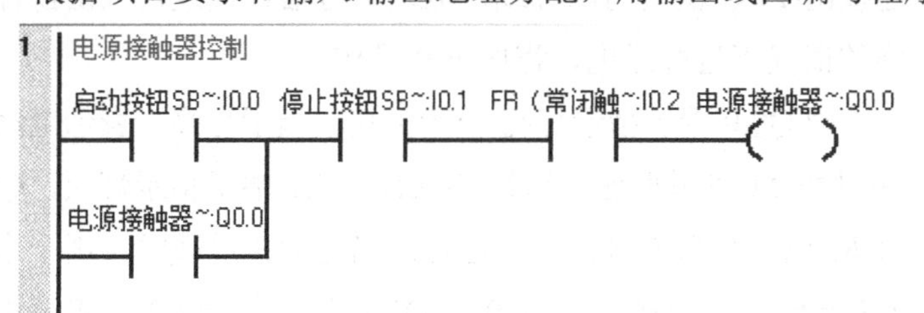

符号	地址	注释
FR（常闭触点）	I0.2	
电源接触器KM1线圈	Q0.0	
启动按钮SB1（常开触点）	I0.0	
停止按钮SB2（常闭触点）	I0.1	

2　接通定时器，接通延时定时器定时5S

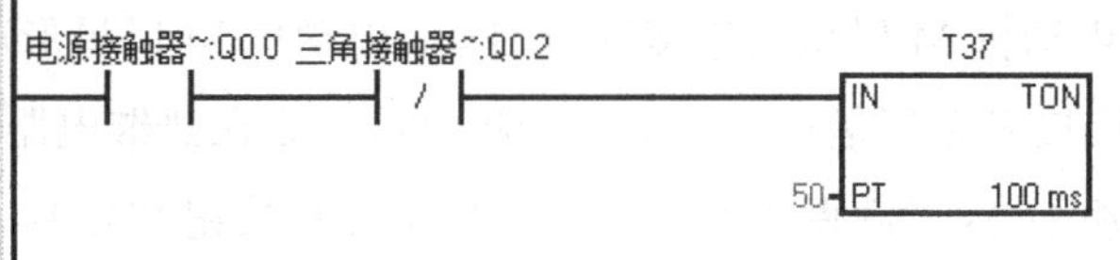

符号	地址	注释
电源接触器KM1线圈	Q0.0	
三角接触器KM3线圈	Q0.2	

3　星形接触器控制

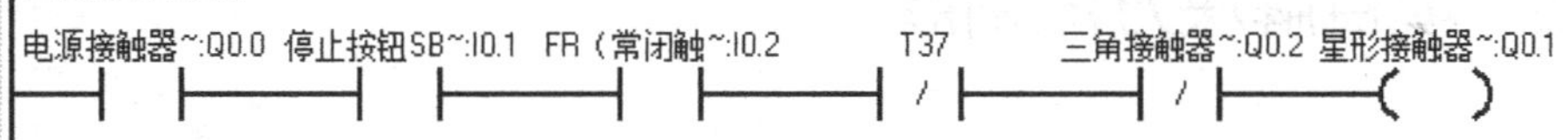

符号	地址	注释
FR（常闭触点）	I0.2	
电源接触器KM1线圈	Q0.0	
三角接触器KM3线圈	Q0.2	
停止按钮SB2（常闭触点）	I0.1	
星形接触器KM2线圈	Q0.1	

4　三角形接触器控制

符号	地址	注释
FR（常闭触点）	I0.2	
三角接触器KM3线圈	Q0.2	
停止按钮SB2（常闭触点）	I0.1	
星形接触器KM2线圈	Q0.1	

图 7-6　三相异步电动机星形-三角形降压启动程序

步骤 7. 联机调试。

（1）在断电情况下，连接给 PLC 供电的电源线，输入信号器件接线，输出器件暂时不接线，确保在连线正确的情况下进行送电、程序下载操作。

如果按下启动按钮 SB1，则 Q0.0 端子指示灯亮，Q0.1 端子指示灯亮，表示电动机 M 以星形连接降压启动，电动机 M 以星形连接运行 5s 后，Q0.1 端子指示灯灭，Q0.2 端子指示灯亮，表示电动机 M 以三角形连接做全压运行；当电动机过载时，用一个开关模拟热继电器 FR 触点（常闭触点）动作后，Q0.0 和 Q0.1 端子指示灯灭，表示电动机 M 因过载保护而停止。如果满足要求，则调试成功；如果不能满足要求，则检查原因，修改程序，重新调试，直到满足要求。

（2）在断电情况下，将接触器线圈接线，互锁接线，输出外部设备电源接线，主电路接线等。确保在连线正确的情况下送电。

当按下启动按钮 SB1 后，电动机 M 以星形连接降压启动。电动机 M 以星形连接运行 5s 后，电动机 M 以三角形连接做全压运行。如果电动机过载，则在热继电器 FR 触点（常闭触点）动作后，电动机 M 因过载保护而停止。当按下停止按钮 SB2 后，电动机 M 停止转动。如果满足要求，则联机调试成功；如果不能满足要求，则检查原因，修改程序，重新调试，直到满足要求。

7.5 项目解决方法拓展

根据本项目要求和输入/输出地址分配，用触发器编写星形-三角形降压启动 PLC 控制程序，如图 7-7 所示。

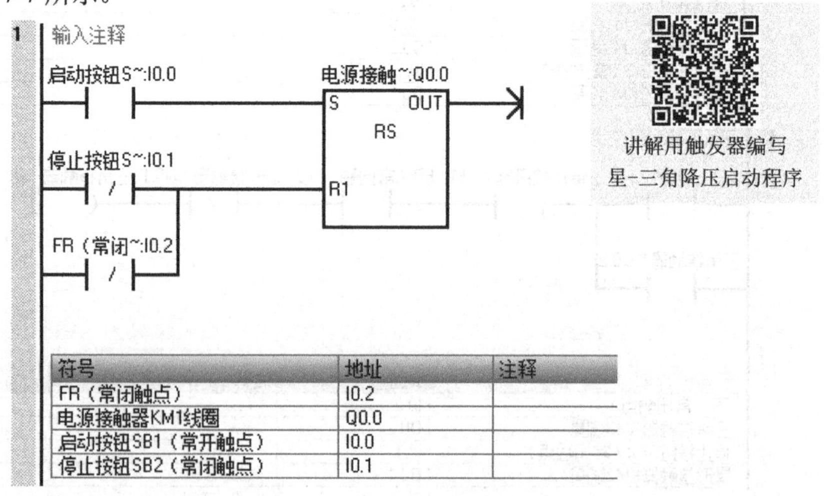

符号	地址	注释
FR（常闭触点）	I0.2	
电源接触器KM1线圈	Q0.0	
启动按钮SB1（常开触点）	I0.0	
停止按钮SB2（常闭触点）	I0.1	

图 7-7 用触发器编写星形-三角形降压启动 PLC 控制程序

2 输入注释

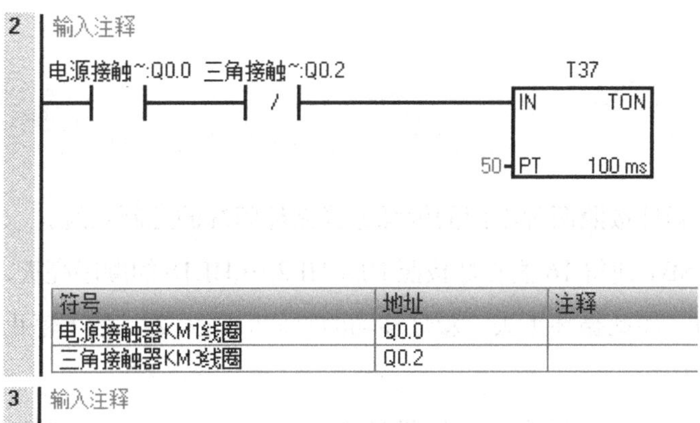

符号	地址	注释
电源接触器KM1线圈	Q0.0	
三角接触器KM3线圈	Q0.2	

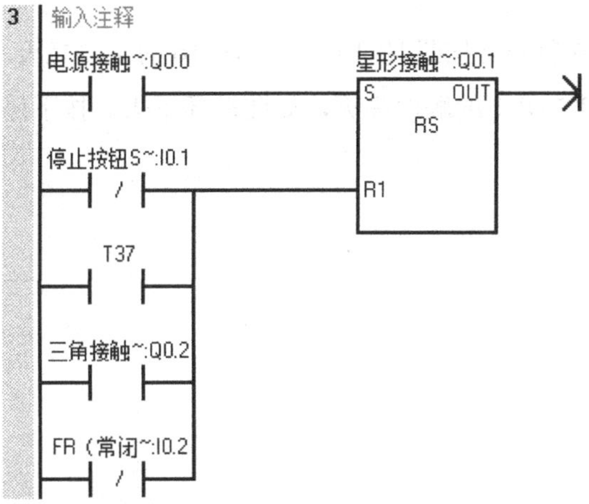

3 输入注释

电源接触~:Q0.0
星形接触~:Q0.1
S OUT
RS
停止按钮S~:I0.1
R1
T37
三角接触~:Q0.2
FR（常闭~:I0.2

符号	地址	注释
FR（常闭触点）	I0.2	
电源接触器KM1线圈	Q0.0	
三角接触器KM3线圈	Q0.2	
停止按钮SB2（常闭触点）	I0.1	
星形接触器KM2线圈	Q0.1	

4 输入注释

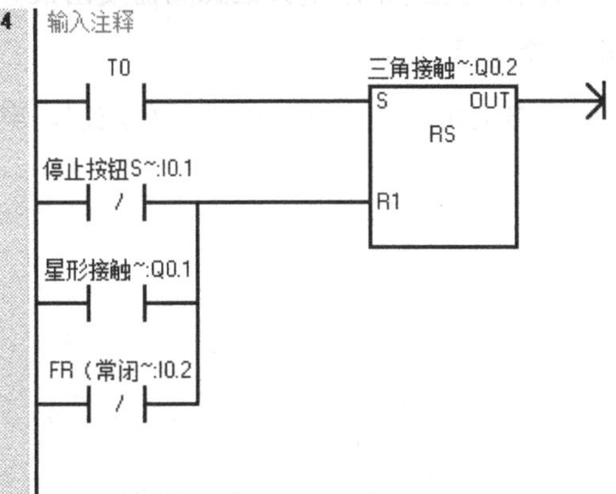

符号	地址	注释
FR（常闭触点）	I0.2	
三角接触器KM3线圈	Q0.2	
停止按钮SB2（常闭触点）	I0.1	
星形接触器KM2线圈	Q0.1	

图 7-7　用触发器编写星形-三角形降压启动 PLC 控制程序（续）

巩固练习七

1．彩灯循环闪烁。

控制任务：实现一个 16 盏彩灯按照两种不同的闪烁方式循环闪烁的控制系统。

闪烁方式 1：要求通过按钮 SB1 使得 16 盏彩灯按照 HL1,HL2,…,HL16 的顺序亮灭，移到最高位 HL16，再回到 HL1，如此循环下去。彩灯移动的时间间隔为 2s。按下停止按钮 SB2 后，彩灯熄灭，停止工作。

闪烁方式 2：要求通过按钮 SB1 使得 16 盏彩灯按照 HL1,HL2,…,HL16 的顺序亮灭，移到最高位 HL16，再按 HL16,HL15,…,HL2,HL1 的顺序亮灭，如此循环下去。按下停止按钮 SB2 后，彩灯熄灭，停止工作。

要求：

（1）输入/输出信号器件分析。

（2）硬件组态。

（3）输入/输出地址分配。

（4）画出外部输入/输出接线图。

（5）建立符号表。

（6）编写控制程序。

（7）调试控制程序。

2．预警启动。

为了保证运行安全，许多大型生产机械在运行启动之前都用电铃或蜂鸣器发出报警信号，预示机器即将启动，警告人们迅速退出危险地段。

控制任务：按下启动按钮，电铃响 5s，然后电动机自动启动；按下停止按钮，电动机停止。

要求：

（1）输入/输出信号器件分析。

（2）硬件组态。

（3）输入/输出地址分配。

（4）画出外部输入/输出接线图。

（5）建立符号表。

（6）编写控制程序。

（7）调试控制程序。

3．试完成 1 台交流鼠笼式电动机的星形-三角形降压启动的 PLC 控制。控制任务如下。

（1）按下启动按钮 SB1，接通电源接触器 KM1 线圈和星形接触器 KM2 线圈，电动机以星形连接降压启动。

（2）启动时间为 7s，7s 后断开电源接触器 KM1 线圈和星形接触器 KM2 线圈。

（3）再经过 0.5s，接通电源接触器 KM1 线圈和三角形接触器 KM3 线圈，电动机全压运行。

（4）按停止按钮 SB2，电动机停止。

（5）采用热继电器 FR 的常闭触点进行过载保护。

要求：

（1）输入/输出信号器件分析。

（2）硬件组态。

（3）输入/输出地址分配。

（4）画出外部输入/输出接线图。

（5）建立符号表。

（6）编写控制程序。

（7）调试控制程序。

4．自动运料小车控制系统设计。

小车由电动机驱动，电动机正转时小车左行，反转时右行；初始时，小车停在最左端，左限位开关 SQ1 压合。

按下启动按钮，小车开始装料，10s 后装料结束，小车前进至最右端，压合右限位开关 SQ2，小车开始卸料。

10s 后卸料结束，小车后退至最左端，压合左限位开关 SQ1，小车开始装料，重复上述过程，直到按下停止按钮，在当前循环完成后，小车停于初始位置（小车具有过载保护机制），如图 7-8 所示。

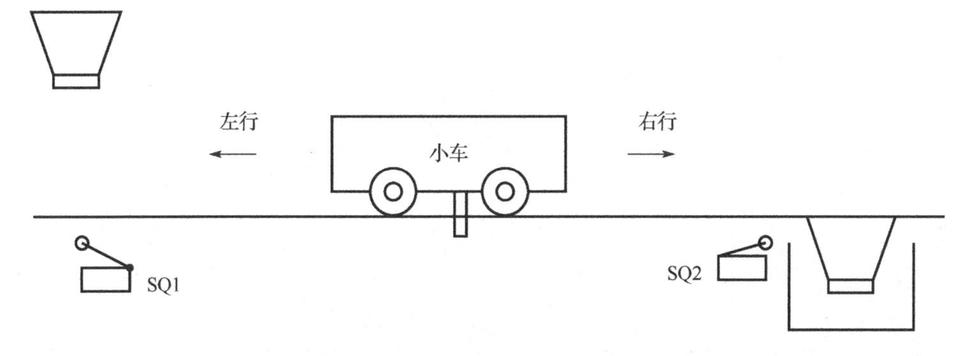

图 7-8　自动运料小车控制系统示意图

要求：

（1）输入/输出信号器件分析。

（2）硬件组态。

（3）输入/输出地址分配。

（4）画出外部输入/输出接线图。

（5）建立符号表。

（6）编写控制程序。

（7）调试控制程序。

项目 8
四节传送带 PLC 控制

讲解四节传送带
项目要求

8.1 项目要求

有一个由四节传送带组成的自动化运输机的传送系统，分别用四台电动机带动，每台电动机均有过载保护机制。控制要求如下。

（1）按下启动按钮 SB1，首先启动最末一节传送带电动机 M4，经过 4s 的延时，启动电动机 M3；再过 4s，启动电动机 M2；再过 4s，启动电动机 M1，这种启动方式叫“逆序启动”。

（2）按下停止按钮 SB2，先停止最前一节传送带电动机 M1，待料运送完毕后停止传送带电动机 M2（这里为调试方便，选择料运送完毕后 2s，这个时间根据实际情况确定）；经过 2s，停止 M3；再过 2s，停止 M4，这种停止方式叫“顺序停止”。

（3）当某节传送带电动机发生过载时，该电动机及其前面的电动机立即停止，而该电动机以后的电动机待运完料后才停止。例如，当 M2 故障时，M1、M2 立即停止，经过 2s 的延时，M3 停止，再过 2s，M4 停止。

四节传送带的任务等效示意图如 8-1 所示。

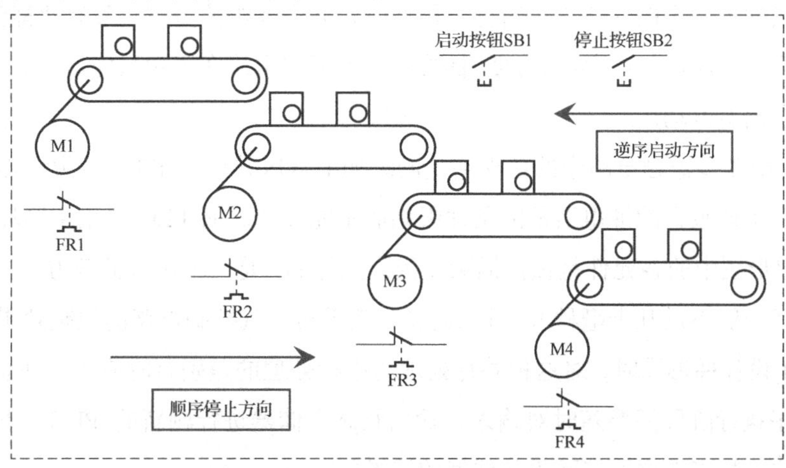

图 8-1　四节传送带的任务等效示意图

8.2 学习目标

1．掌握位存储器的应用，并能用其编写程序。

2．灵活使用定时器，并能使用其编写程序。

3．理解梯形图与继电接触器控制电路的比较，并能独立叙述。

4．理解传送带逆序启动与顺序停止的原理，并能独立叙述。

5．掌握顺序控制编程思路，并能举一反三。

8.3 相关知识：梯形图与继电器接触器控制电路的比较

（1）梯形图中大都沿用继电器接触器控制电路元件名称。

（2）两者的组成器件不同，继电器接触器控制电路由真正的继电器组成，梯形图由所谓的软继电器组成。

（3）两者的触点数量不同，继电器接触器控制电路中的继电器触点是有限的，梯形图中的软继电器触点数可以有任意多个，也不会磨损，因此，在梯形图设计中，不需要考虑触点数量，这给设计者带来了很大的方便。

（4）两者的编程方式不同，在继电器接触器控制电路中，其程序已包含在电路中，功能专一、不灵活；而梯形图的设计和编程灵活多变。

（5）继电器接触器控制电路中的左右母线为电源线，中间各支路都加有电压，当支路接通时，有电流流过支路上的触点与线圈。而梯形图的左右母线是一种界限线，并未加电压，当梯形图中的支路（逻辑行）接通时，并没有电流流过，称有“能流”流过，只是一种假想电流，只为了分析方便。梯形图中的假想电流在图中只能做单方向的流动，即只能从左向右流动。

（6）继电器接器触电路中的各支路是同时加上电压并行工作的，各继电器该吸合的都应吸合，不该吸合的继电器都因条件限制而不能吸合。而 PLC 是采用循环扫描方式工作的，梯形图中的各元件是按扫描顺序依次执行的，是一种串行处理方式，由于扫描时间很短（一般不过几十毫秒），所以其控制效果与电气控制电路的控制效果是基本相同的。但在设计梯形图时，对这种并行处理与串行处理的差别有时应予以注意，特别是那些在程序执行阶段还要随时对输入、输出状态存储器进行刷新的 PLC，不要因为对串行处理这一特点考虑不够而引起偶然的误操作。

8.4　项目解决步骤

步骤 1．输入和输出信号器件分析。

输入：启动按钮 SB1（常开触点）、停止按钮 SB2（常闭触点）、M1 过载热继电器 FR1（常闭触点）、M2 过载热继电器 FR2（常闭触点）、M3 过载热继电器 FR3（常闭触点）、M4 过载热继电器 FR4（常闭触点）。

输出：M1 接触器 KM1 线圈、M2 接触器 KM2 线圈、M3 接触器 KM3 线圈、M4 接触器 KM4 线圈。

步骤 2．硬件组态。

硬件组态如图 8-2 所示。

系统块

	模块	版本	输入	输出	订货号
CPU	CPU SR40 (AC/DC/Relay)	V02.00.00_00.00.01.00	I0.0	Q0.0	6ES7 288-1SR40-0AA0

图 8-2　硬件组态

步骤 3．输入/输出地址分配。

输入/输出地址分配如表 8-1 所示。

表 8-1　输入/输出地址分配

序　号	输入信号器件	编程元件地址	序　号	输出信号器件	编程元件地址
1	启动按钮 SB1（常开触点）	I0.0	1	M1 接触器 KM1 线圈	Q0.1
2	停止按钮 SB2（常闭触点）	I0.5	2	M2 接触器 KM2 线圈	Q0.2
3	M1 过载热继电器 FR1（常闭触点）	I0.1	3	M3 接触器 KM3 线圈	Q0.3
4	M2 过载热继电器 FR2（常闭触点）	I0.2	4	M4 接触器 KM4 线圈	Q0.4
5	M3 过载热继电器 FR3（常闭触点）	I0.3	—	—	—
6	M4 过载热继电器 FR4（常闭触点）	I0.4	—	—	—

步骤 4．接线图。

四节传送带 PLC 控制接线图如图 8-3 所示。

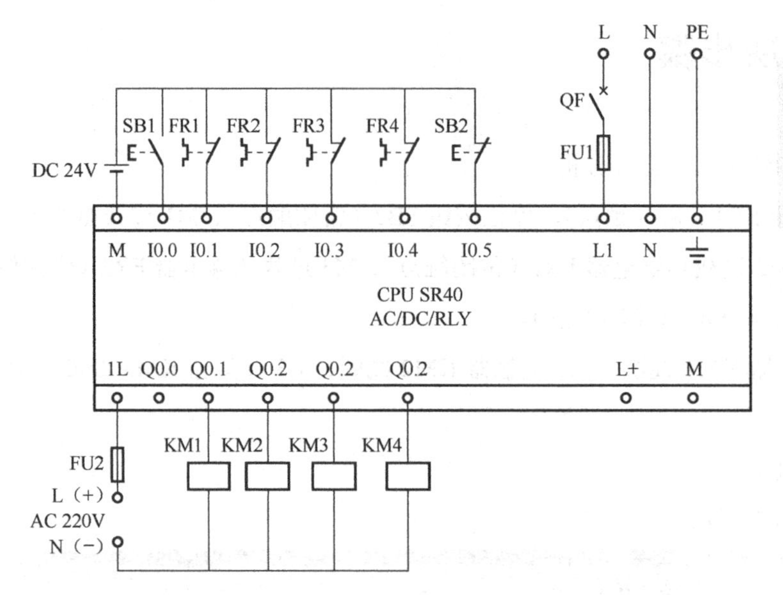

图 8-3　四节传送带 PLC 控制接线图

步骤 5．建立符号表。

四节传送带符号表如图 8-4 所示。

主要

新增功能
CPU SR20
程序块
符号表
表格 1
系统符号
POU 符号
I/O 符号
状态图表
数据块
系统块
交叉引用
通信
向导
工具
指令
收藏夹
位逻辑
时钟
通信
比较

符号表

	符号	地址
1	启动SB1（常开）	I0.0
2	FR1（常闭）	I0.1
3	FR2（常闭）	I0.2
4	FR3（常闭）	I0.3
5	FR4（常闭）	I0.4
6	停止SB2（常闭）	I0.5
7	CPU_输入6	I0.6
8	CPU_输入7	I0.7
9	CPU_输入8	I1.0
10	CPU_输入9	I1.1
11	CPU_输入10	I1.2
12	CPU_输入11	I1.3
13	CPU_输出0	Q0.0
14	M1接触器KM1线圈	Q0.1
15	M2接触器KM2线圈	Q0.2
16	M3接触器KM3线圈	Q0.3
17	M4接触器KM3线圈	Q0.4

图 8-4　四节传送带符号表

步骤 6．编写四节传送带 PLC 控制程序。

用输出线圈编写程序，如图 8-5 所示。

注意：停止按钮 SB2 用的是常闭触点，注意程序软触点的应用。

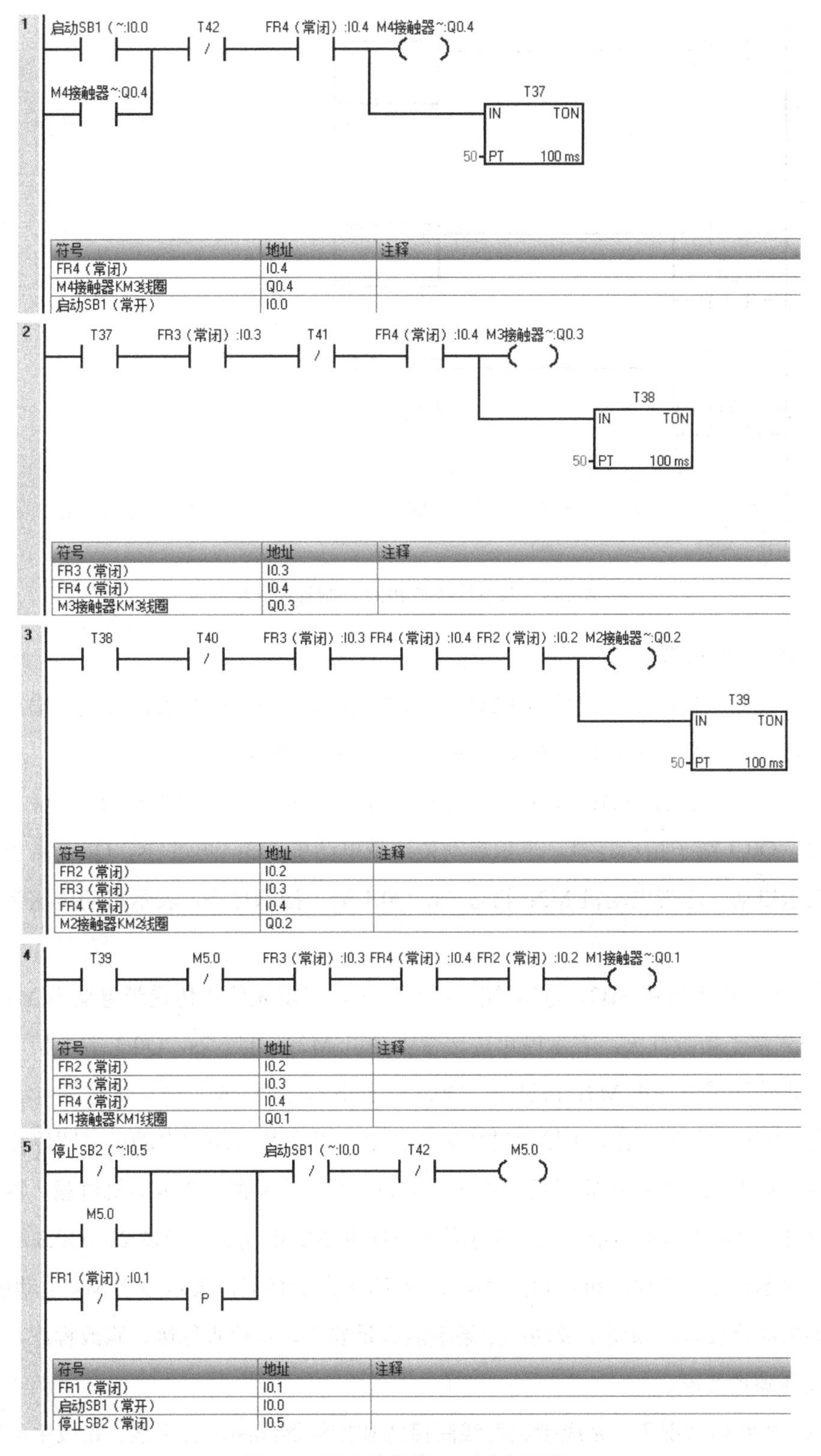

图 8-5　四节传送带 PLC 控制程序

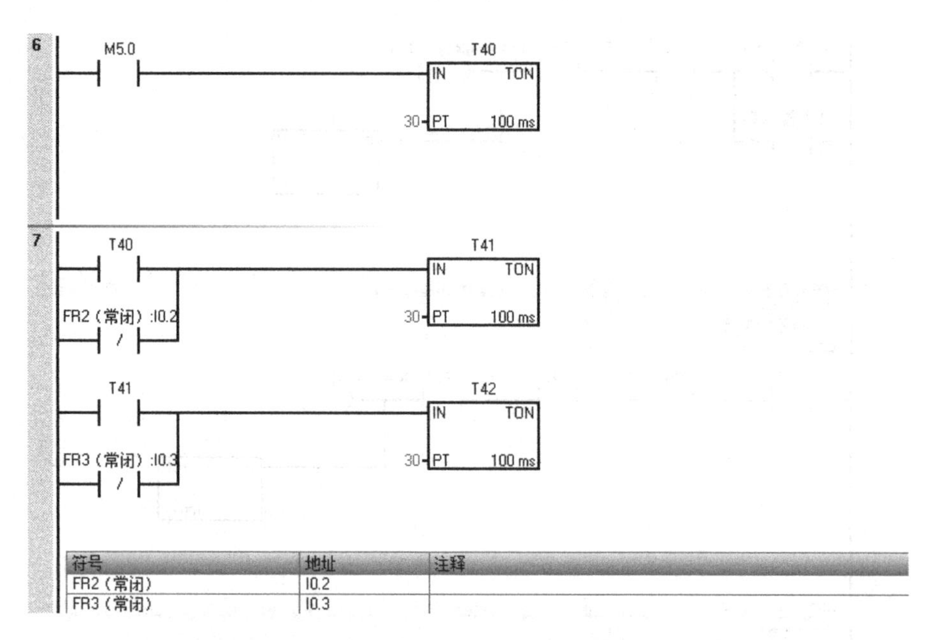

图 8-5 四节传送带 PLC 控制程序（续）

步骤 7．联机调试。

（1）在断电情况下，连接给 PLC 供电的电源线，输入信号器件接线，输出器件暂时不接线，在确保接线正确的情况下进行送电、程序下载操作。

① 按下启动按钮 SB1，Q0.4 端子指示灯亮，表示启动传送带电动机 M4，经过 3s 的延时，Q0.3 端子指示灯亮，表示启动传送带电动机 M3；再过 3s，Q0.2 端子指示灯亮，表示启动传送带电动机 M2；再过 3s，Q0.1 端子指示灯亮，表示启动传送带电动机 M1。

② 按下停止按钮 SB2，Q0.1 端子指示灯灭，表示先停止传送带电动机 M1，经过 2s，Q0.2 端子指示灯灭，表示停止传送带电动机 M2；再过 2s，Q0.3 端子指示灯灭，表示停止传送带电动机 M3；再过 2s，Q0.4 端子指示灯灭，表示停止传送带电动机 M4。

③ 当某节传送带电动机发生过载时，该电动机及其前面的电动机立即停止，而该电动机以后的电动机待运完料后才停止。例如，用开关模拟 M2 电动机过载，将开关断开，Q0.1 和 Q0.2 端子指示灯灭，表示停止 M1 和 M2 电动机，经过 2s，Q0.3 端子指示灯灭，表示停止 M3 电动机；再过 2s，Q0.4 端子指示灯灭，表示停止 M4 电动机。

如果满足要求，则调试成功；如果不能满足要求，则检查原因，修改程序，重新调试，直到满足要求。

（2）在断电情况下，完成接触器线圈接线和接触器线圈电源接线，完成主电路接线和 FR 接线等。确保在接线正确的情况下送电。

① 按下启动按钮 SB1，启动时首先启动最末一节传送带电动机 M4，经过 2s 的延时，启动电动机 M3；再过 2s，启动电动机 M2；再过 2s，启动电动机 M1。

② 按下停止按钮 SB2，先停止最前一节传送带电动机 M1，待料运送完毕后停止传送带电动机 M2（这里为调试方便，选择料运送完毕后 2s，这个时间根据实际情况确定）；再过 2s，停止 M3；再过 2s，停止 M4。

③ 当某节传送带电动机发生过载时，该电动机及其前面的电动机机立即停止，而该电动机以后的电动机待运完料后才停止。例如，M2 电动机过载，停止 M1 和 M2 电动机，经过 2s，停止 M3 电动机，再过 2s，停止 M4 电动机。

如果满足上述要求，则调试成功；如果不能满足要求，则检查原因，修改程序，重新调试，直到满足要求。

巩固练习八

1．自动配料装车系统控制。

控制要求如下。

（1）系统由料斗、传送带、检测系统组成。配料装置能自动识别货车到位情况并对货车进行自动配料，当车装满时，配料系统自动停止配料；当料斗物料不足时，停止配料并自动给料斗进料。

（2）打开“启动”开关，表明允许汽车开进装料。若将料斗的物料检测传感器 SL1 置为 OFF（料斗中的物料不满），则进料阀开启；当 SL1 为 ON（料斗中的物料已满）时，进料阀关闭。

（3）当汽车开到装车位置时，限位开关 SQ1 为 ON，绿色信号灯 HL1 灭，红色信号灯 HL2 亮；依次启动传送带电动机 M4、M3、M2、M1（逆序启动），启动完成后，经过 1s 再打开出料阀，物料经料斗出料落到传送带上。

（4）当车装满时，限位开关 SQ2 为 ON，料斗出料阀关闭，1s 后，M1、M2、M3、M4 依次停止（顺序停止），绿色信号灯 HL1 亮，红色信号灯 HL2 灭，表明汽车可以开走。

（5）关闭“启动”开关，自动配料装车的整个系统停止运行。

自动配料装车系统控制示意图如图 8-6 所示。

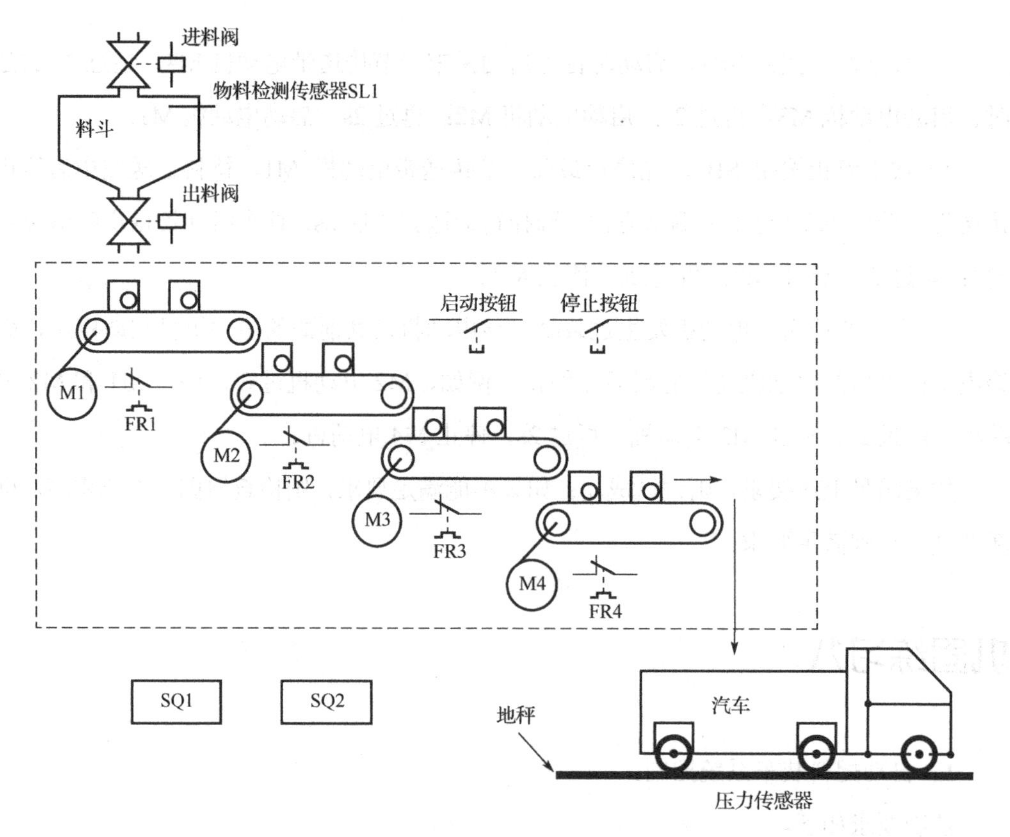

图 8-6　自动配料装车系统控制示意图

要求：

（1）输入/输出信号器件分析。

（2）硬件组态。

（3）输入/输出地址分配。

（4）画出外部输入/输出接线图。

（5）建立符号表。

（6）编写控制程序。

（7）调试控制程序。

2．材料分拣。

本套材料分拣设备可以分拣铁、铝、黄色非金属材料，剩余其他材料单独存放；并有传送带跑偏检测及报警装置。

（1）接通电源，按下启动开关，传送带开始运行。

（2）系统启动后，人工将待测物体放到下料槽中，下料槽中的物体被推到传送带上，传送带的压力传感器检测到压力后，待测物体开始在传送带上运行。

（3）当铁检测传感器检测到铁材料时，铁出料气缸动作将待测物体推下。

（4）当铝检测传感器检测到铝材料时，铝出料气缸动作将待测物体推下。

（5）当颜色检测传感器检测到非金属材料为黄色时，颜色出料气缸动作将待测物体推下。

（6）当剩余材料被送到最后一个出料气缸位置时，气缸动作将待测物体推下。

（7）当下料槽无料时，传送带无料，压力传感器检测不到压力，会继续运行一个行程，10s 后自动停机。

（8）传送带两侧安装有光电检测系统，如果传送带跑偏，则光电检测系统检测到后会停止传送带的运转，并且报警灯亮，报警声响起；问题解决后，按下启动按钮，重新启动。

要求：

（1）输入/输出信号器件分析。

（2）硬件组态。

（3）输入/输出地址分配。

（4）画出外部输入/输出接线图。

（5）建立符号表。

（6）编写控制程序。

（7）调试控制程序。

3．多条传送带接力传送 PLC 控制。

一组传送带由 3 条传送带连接而成，用于传送有一定长度的金属板。为了避免传送带上没有金属板而空转，在每条传送带末端都安装一个金属传感器用于金属板的检测。控制传送带只有检测到金属板时才启动，当金属板离开传送带时停止。传送带用三相异步电动机驱动。

当工人在传送带 1 首端放上一块金属板时，按下启动按钮，传送带 1 首先启动，当金属板的前端到达传送带 1 末端时，金属传感器 1 动作，启动传送带 2，当金属板的末端离开金属传感器 1 时，传送带 1 停止；然后，当金属板的前端到达传送带 2 末端时，金属传感器 2 动作，启动传送带 3，当金属板的末端离开金属传感器 2 时，传送带 2 停止；最后，当金属板的末端离开金属传感器 3 时，传送带 3 停止，如图 8-7 所示。

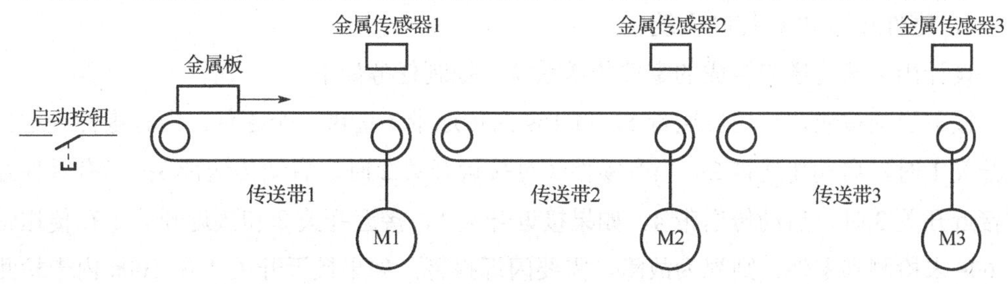

图 8-7　多条传送带接力传送示意图

要求：

（1）输入/输出信号器件分析。

（2）硬件组态。

（3）输入/输出地址分配。

（4）画出外部输入/输出接线图。

（5）建立符号表。

（6）编写控制程序。

（7）调试控制程序。

4．设计一个 PLC 控制锅炉上煤系统，控制任务如下。

（1）当按下系统启动按钮 SB1 时，提醒铃 HA 响，提醒人员离开；铃响 8s 后，绿灯 HL 开始亮；亮 8s 后，系统开始正常运行，2 号皮带运输机启动；3s 后，破碎机启动；再过 3s，筛煤机启动；再过 3s，1 号皮带运输机启动；再过 3s，料斗出料电磁阀启动。

（2）若在系统正常停止运行时按下停止按钮 SB2，则料斗出料，电磁阀停止；4s 后，1 号皮带运输机停止；再过 4s，筛煤机停止；再过 4s，破碎机停止；再过 4s 后，2 号皮带运输机停止。

（3）若运行过程中 2 号皮带运输机和 1 号皮带运输机中任何一台发生过载，则整个系统立即停止。

要求：

（1）输入/输出信号器件分析。

（2）硬件组态。

（3）输入/输出地址分配。

（4）画出外部输入/输出接线图。

（5）建立符号表。

（6）编写控制程序。

（7）调试控制程序。

5．零件传送 PLC 控制系统。

设计由 4 条传送带组成的零件传送系统，控制任务如下。

按下启动按钮，启动传送带 1，每 15s 向传送带 1 提供一个零件。当有零件经过接近开关 1 时，启动传送带 2；当有零件经过接近开关 2 时，启动传送带 3；当有零件经过接近开关 3 时，启动传送带 4。如果接近开关 1、接近开关 2 和接近开关 3 在传送带上 60s 未检测到零件，则视为故障，需要闪烁报警；如果接近开关 1 在 100s 内未检测到零件，则停止全部传送带。

按下正常停止按钮，停止全部传送带。

要求：

（1）输入/输出信号器件分析。

（2）硬件组态。

（3）输入/输出地址分配。

（4）画出外部输入/输出接线图。

（5）建立符号表。

（6）编写控制程序。

（7）调试控制程序。

项目 9
液体混合 PLC 控制

9.1 项目要求

讲解液体混合项目要求

本装置为两种液体混合的模拟装置，SL1、SL2、SL3 为液面传感器，液体 A 阀门、液体 B 阀门与混合液体阀门由电磁阀 YV1、YV2、YV3 控制，M 为搅匀电动机，如图 9-1 所示。控制要求如下。

（1）初始状态：装置投入运行时，容器空，液体 A 阀门、液体 B 阀门、混合液阀门关闭。

（2）按下启动按钮 SB1，装置开始按下列约定的规律操作。

液体 A 阀门打开，液体 A 流入容器，当液面淹没 SL2 时，SL2 接通，关闭液体 A 阀门，打开液体 B 阀门；当液面淹没 SL1 时，关闭液体 B 阀门，搅匀电动机开始搅匀。搅匀电动机工作 6s 后停止，混合液体阀门打开，开始放出混合液体，当液面下降到 SL3 时，SL3 由接通变为断开，再过 2s，容器内的液体放空，混合液体阀门关闭，开始下一周期。

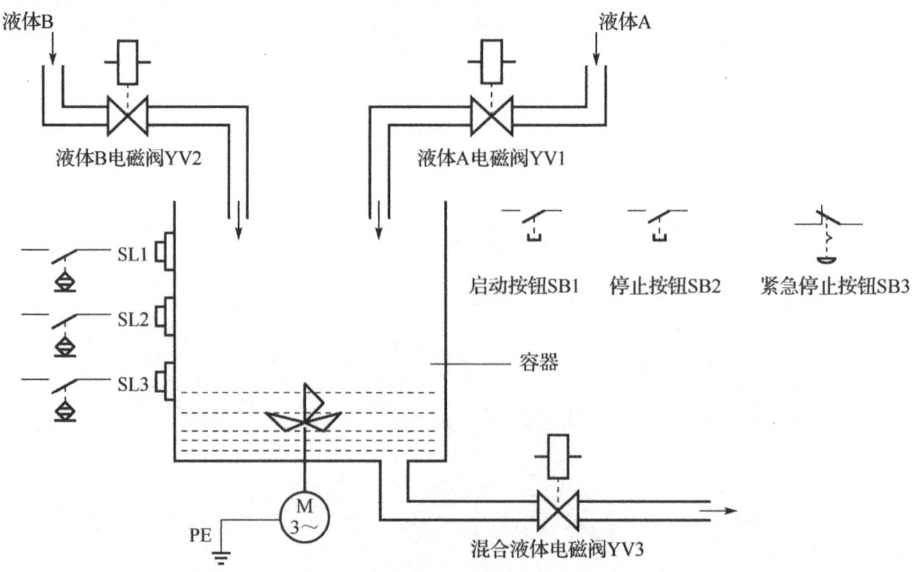

图 9-1　液体混合控制示意图

（3）停止操作：按下停止按钮 SB2 后，只有在当前的混合液体排放完毕后，系统才停止工作，并停在初始状态。

（4）紧急停止操作：当遇到紧急情况时，按下紧急停止按钮 SB3，系统停止工作。

（5）当液体未淹没传感器时，传感器是断开状态；当液体淹没传感器时，传感器是闭合状态。

9.2　学习目标

1．掌握液体混合的原理，并能简要叙述出来。

2．巩固跳变沿指令的应用，并能用它编写程序。

3．提高对定时器指令和位存储器的应用能力，并能灵活地用它们编程。

4．提高编程调试能力，并能完成类似项目。

9.3　项目解决步骤

步骤 1．输入和输出信号器件分析。

输入：启动按钮 SB1（常开触点）、停止按钮 SB2（常开触点）、液面传感器 SL1（常开触点）、液面传感器 SL2（常开触点）、液面传感器 SL3（常开触点）、紧急停止按钮 SB3（常闭触点）。

输出：液体 A 电磁阀 YV1 线圈、液体 B 电磁阀 YV2 线圈、混合液体电磁阀 YV3 线圈、搅匀电动机接触器 KM 线圈。

步骤 2．硬件组态。

硬件组态如图 9-2 所示。

系统块

	模块	版本	输入	输出	订货号
CPU	CPU SR20 (AC/DC/Relay)	V02.00.00_00.00...	I0.0	Q0.0	6ES7 288-1SR20-0AA0
SB					
EM 0					

图 9-2　硬件组态

步骤 3．输入/输出地址分配。

输入/输出地址分配如表 9-1 所示。

表 9-1　输入/输出地址分配

序　号	输入信号器件名称	编程元件地址	序　号	输出信号器件名称	编程元件地址
1	启动按钮 SB1（常开触点）	I0.0	1	搅匀电动机接触器 KM 线圈	Q0.0
2	停止按钮 SB2（常开触点）	I0.4	2	液体 A 电磁阀 YV1 线圈	Q0.1
3	液面传感器 SL1（常开触点）	I0.1	3	液体 B 电磁阀 YV2 线圈	Q0.2
4	液面传感器 SL2（常开触点）	I0.2	4	混合液体电磁阀 YV3 线圈	Q0.3
5	液面传感器 SL3（常开触点）	I0.3	—	—	—
6	紧急停止按钮 SB3（常闭触点）	I0.5	—	—	—

步骤 4．接线图。

液体混合 PLC 控制接线图 9-3 所示。

讲解液体混合接线图

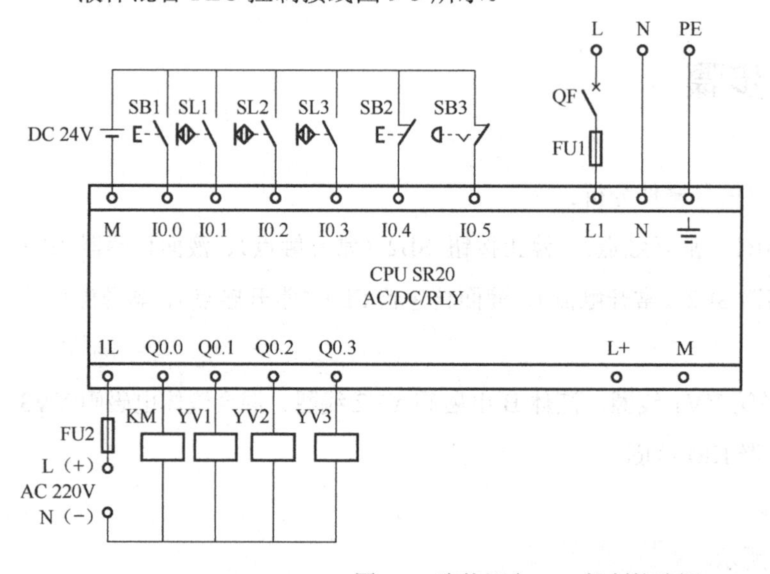

图 9-3　液体混合 PLC 控制接线图

步骤 5．建立符号表。

液体混合 PLC 控制的符号表如图 9-4 所示。

符号表

			符号	地址
1			A阀YV1线圈	Q0.1
2			B阀YV2线圈	Q0.2

图 9-4　液体混合 PLC 控制的符号表

13			传感器SL1	I0.1
14			传感器SL2	I0.2
15			传感器SL3	I0.3
16			电动机接触器KM线圈	Q0.0
17			混合液阀YV3线圈	Q0.3
18			急停按钮SB3（常闭）	I0.5
19			启动按钮SB1	I0.0
20			停止按钮SB2	I0.4

图 9-4　液体混合 PLC 控制的符号表（续）

步骤 6．编写液体混合 PLC 控制程序。

根据项目要求和输入/输出地址分配编写程序，如图 9-5 所示。

1　复位M0.5，启动自动循环。

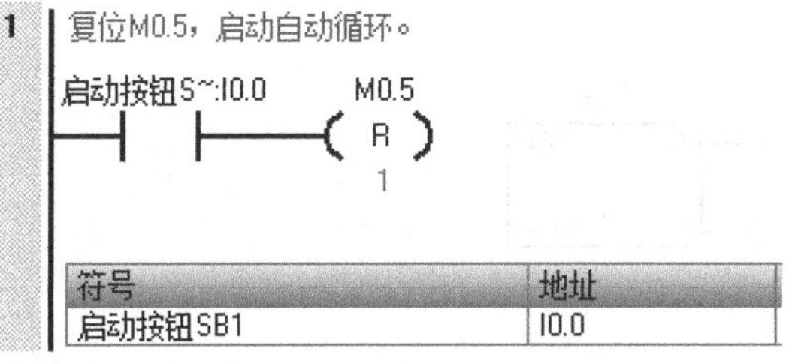

符号	地址
启动按钮SB1	I0.0

2　通过置位M0.5，完成当前周期结束后停止循环。

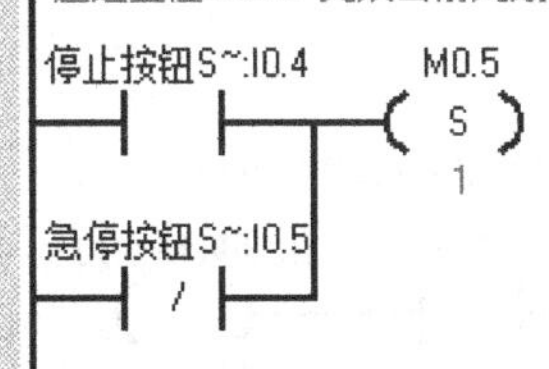

符号	地址
急停按钮SB3（常闭）	I0.5
停止按钮SB2	I0.4

3　按下SB1，I0.0触点接通，Q0.1线圈得电。T32触点接通，M0.5复位，Q0.1线圈得电。

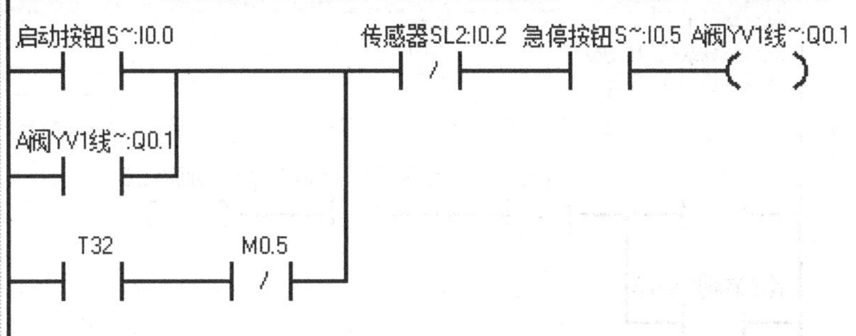

符号	地址	注释
A阀YV1线圈	Q0.1	
传感器SL2	I0.2	
急停按钮SB3（常闭）	I0.5	
启动按钮SB1	I0.0	

图 9-5　液体混合 PLC 控制程序

4 传感器SL2常开触点闭合，I0.2常开触点接通，Q0.2线圈接通，接通B阀YV2线圈。

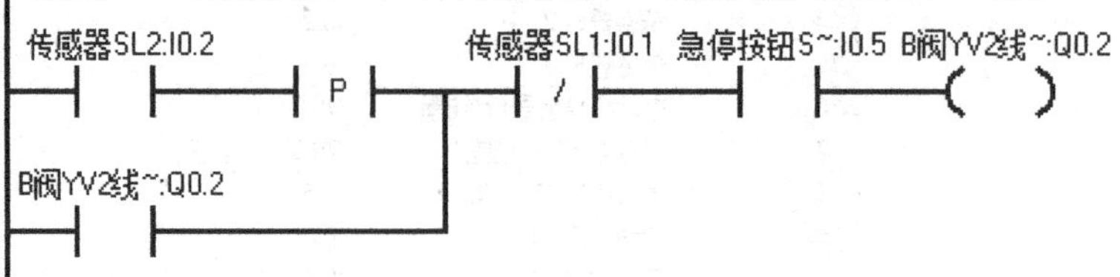

符号	地址	注释
B阀YV2线圈	Q0.2	
传感器SL1	I0.1	
传感器SL2	I0.2	
急停按钮SB3（常闭）	I0.5	

5 输入注释

电动机接~:Q0.0　T33　IN　TON　600-PT　10 ms

符号	地址
电动机接触器KM线圈	Q0.0

6 传感器SL1常开触点闭合，I0.1常开触点接通，Q0.0线圈得电，启动电动机。

传感器SL1:I0.1　P　急停按钮S~:I0.5　T33　/　电动机接~:Q0.0

电动机接~:Q0.0

符号	地址	注释
传感器SL1	I0.1	
电动机接触器KM线圈	Q0.0	
急停按钮SB3（常闭）	I0.5	

7 T33时间到，T33常开触点接通，Q0.3线圈得电，接通YV3线圈，混合液排出。

T33　T32　/　急停按钮S~:I0.5　混合液阀~:Q0.3

混合液阀~:Q0.3

符号	地址	注释
混合液阀YV3线圈	Q0.3	
急停按钮SB3（常闭）	I0.5	

图 9-5　液体混合 PLC 控制程序（续）

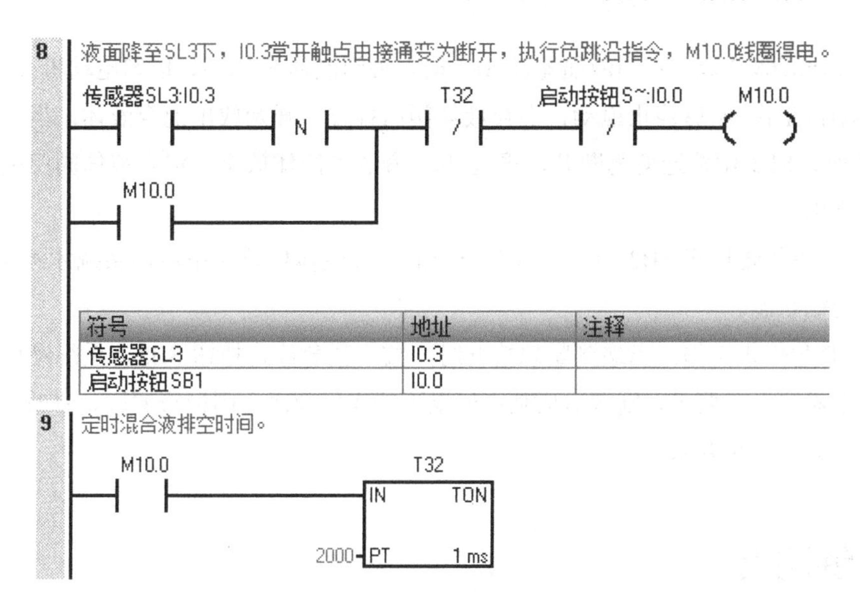

图 9-5 液体混合 PLC 控制程序（续）

步骤 7．联机调试。

（1）在断电情况下，连接给 PLC 供电的电源线，输入信号器件接线，输出信号器件暂时不接线，确保在接线正确的情况下进行送电、程序下载操作。

① 按下启动按钮 SB1，Q0.1 端子指示灯亮，表示液体 A 阀门打开，当液面淹没传感器 SL2 时，Q0.1 端子指示灯灭，表示液体 A 阀门关闭，Q0.2 端子指示灯亮，表示液体 B 阀门打开；当液面淹没传感器 SL1 时，Q0.2 端子指示灯灭，表示液体 B 阀门关闭，Q0.0 端子指示灯亮，表示搅匀电动机开始搅匀。搅匀电动机工作 6s 后，Q0.0 端子指示灯灭，表示搅匀电动机停止搅动。Q0.2 端子指示灯亮，表示混合液体阀门打开，开始放出混合液体，当液面下降到 SL3 时，SL3 由接通变为断开，再过 2s，容器内液体放空，Q0.2 端子指示灯灭，表示混合液阀门关闭，自动打开液体 A 阀门，Q0.1 端子指示灯亮，表示开始下一周期。

② 按下停止按钮 SB2 后，只有在当前的混合液体排放完毕后，系统才停止工作，并停在初始状态。

③ 紧急停止操作：当遇到紧急情况时，按下紧急停止按钮 SB3，系统停止工作。

如果满足要求，则调试成功；如果不能满足要求，则检查原因，修改程序，重新调试，直到满足要求。

（2）在断电情况下，完成整个液体混合系统输出信号器件的接线，确保在接线正确的情况下送电。

① 按下启动按钮 SB1，装置就开始按下列约定的规律操作。

液体 A 阀门打开，液体 A 流入容器，当液面淹没 SL2 时，SL2 接通，关闭液体 A

阀门，打开液体 B 阀门；当液面淹没 SL1 时，关闭液体 B 阀门，搅匀电动机开始搅匀。搅匀电动机工作 6s 后停止搅动，混合液体阀门打开，开始放出混合液体，当液面下降到 SL3 时，SL3 由接通变为断开，再过 2s，容器内液体放空，混合液体阀门关闭，开始下一周期。

② 按下停止按钮 SB2 后，只有在当前的混合液体排放完毕后，系统才停止工作，并停在初始状态。

③ 紧急停止操作：当遇到紧急情况时，按下紧急停止按钮 SB3，系统停止工作。

如果满足上述要求，则调试成功；如果不能满足要求，则检查原因，修改程序，重新调试，直到满足要求。

巩固练习九

1．水塔水位 PLC 控制。

在自动状态下：当水池水位低于低水位（SL4 为 OFF）时，阀 YV 打开进水，定时器开始定时，4s 后，如果 SL4 还不为 ON，则阀 YV 指示灯闪烁，表示阀 YV 没有进水，出现故障，在 SL3 为 ON 后，阀 YV 关闭。当 SL4 为 ON 时，且水塔水位低于低水位 SL2 时，水泵 M 运转抽水；当水塔水位高于高水位 SL1 时，水泵 M 停止。

在手动状态下：手动启动与停止水泵，手动打开与关闭阀 YV。

水塔水位控制示意图如图 9-6 所示。

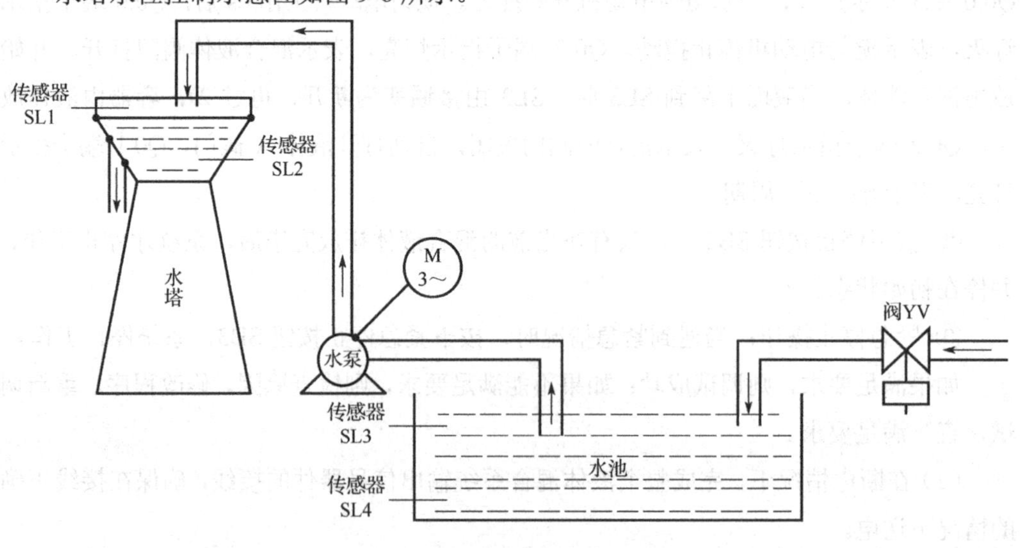

图 9-6　水塔水位控制示意图

在图 9-6 中，SL1 表示水塔水位上限，SL2 表示水塔水位下限，SL3 表示水池水位上限，SL4 表示水池水位下限，M 为水泵，YV 为水阀。当水位淹没传感器时，传感器为 ON；当传感器露出液面时，为 OFF。

要求：

（1）输入/输出信号器件分析。

（2）硬件组态。

（3）输入/输出地址分配。

（4）画出外部输入/输出接线图。

（5）建立符号表。

（6）编写控制程序。

（7）调试控制程序。

2．自动门控制装置。

自动门控制装置由门内光电检测开关 PS1、门外光电检测开关 PS2、开门到位限位开关 PS3、关门到位限位开关 PS4、开门电动机接触器 KM1、关门电动机接触器 KM2 等部件组成。

自动控制要求如下。

当有人由内到外或由外到内通过光电检测开关 PS1 或 PS2 时，开门电动机接触器 KM1 动作，电动机正转，当到达开门到位限位开关 PS3 位置时，电动机停止运行。

自动门在开门位置停留 8s 后自动进入关门过程，关门电动机接触器 KM2 启动，电动机反转，当门移动到关门到位限位开关 PS4 位置时，电动机停止运行。

在关门过程中，当有人由外到内或由内到外通过光电检测开关 PS2 或 PS1 时，应立即停止关门，并自动进入开门程序。

在门打开后的 8s 等待时间内，若有人由外到内或由内到外通过光电检测开关 PS2 或 PS1 时，必须重新开始等待 8s，再自动进入关门过程，以保证人安全通过。

手动控制要求：手动点动控制开门与关门。

（1）输入/输出信号器件分析。

（2）硬件组态。

（3）输入/输出地址分配。

（4）画出外部输入/输出接线图。

（5）建立符号表。

（6）编写控制程序。

（7）调试控制程序。

3．天塔之光 PLC 控制。

现有彩灯 HL1～HL9，共 9 盏，如图 9-7 所示，当切换开关在自动控制状态下时，中间彩灯 HL1 亮 1s 后灭，随后次外环彩灯 HL2、HL3、HL4、HL5 亮 1s 后灭，接着最外环彩灯 HL6、HL7、HL8、HL9 亮 1s 后灭，然后返回中间彩灯 HL1 亮 1s 后灭，重复上述彩灯亮灭过程。

当切换开关在手动控制状态下时，只有按下相应的手动开关，彩灯才能点亮。手动开关 1 控制 HL1 的亮灭，手动开关 2 控制 HL2～HL5 的亮灭，手动开关 3 控制 HL6～HL9 的亮灭。

要求：

（1）输入/输出信号器件分析。

（2）硬件组态。

（3）输入/输出地址分配。

（4）画出外部输入/输出接线图。

（5）建立符号表。

（6）编写控制程序。

（7）调试控制程序。

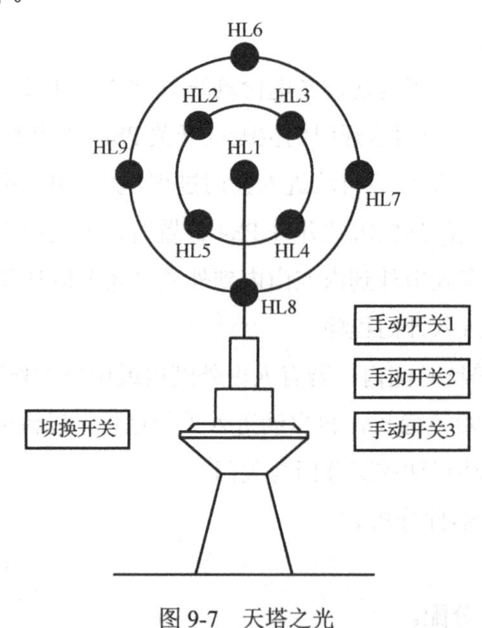

图 9-7 天塔之光

4．试设计一个油循环控制系统，如图 9-8 所示。控制任务如下。

（1）按下启动按钮 SB0 后，泵 1、泵 2 通电运行，由泵 1 将油从循环槽打入淬火槽，经沉淀槽，再由泵 2 打入循环槽，运行 10min 后，泵 1、泵 2 停止。

（2）在泵 1、泵 2 运行期间，如果沉淀槽的液位到达高液位，则高液位传感器 SL1 接通，此时泵 1 停止，泵 2 继续运行 1min 后停下。

（3）在泵 1、泵 2 运行期间，如果沉淀槽的液位低于低液位，则低液位传感器 SL2 由接通变为断开，此时泵 2 停止，泵 1 继续运行 1min 后停下。

（4）当按下停止按钮 SB1 时，泵 1、泵 2 同时停止。

要求：

（1）输入/输出信号器件分析。

（2）硬件组态。

（3）输入/输出地址分配。

（4）画出外部输入/输出接线图。

（5）建立符号表。

（6）编写控制程序。

（7）调试控制程序。

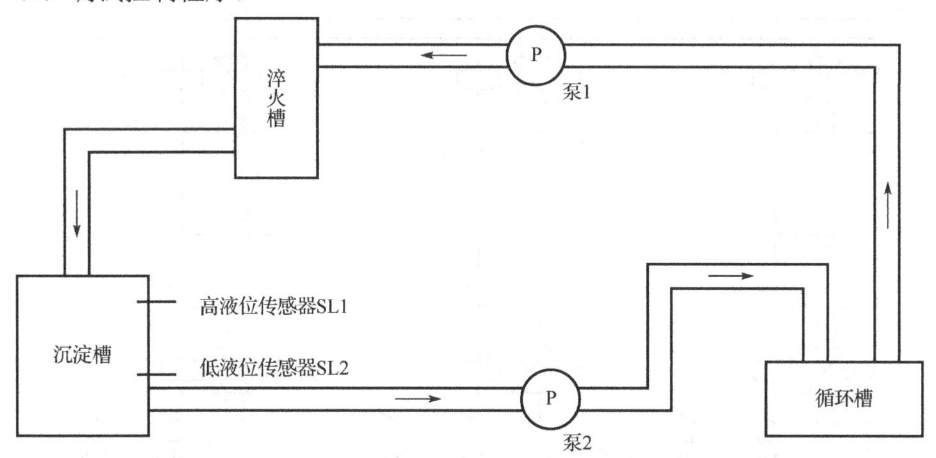

图 9-8　油循环控制系统示意图

5．水箱水位控制系统。

如图 9-9 所示，有 3 个储水水箱，每个水箱有两个液面传感器，SL1、SL3、SL5 是用于检测每个水箱高液位的传感器，SL2、SL4、SL6 是用于检测每个水箱低液位的传感器。

YV1、YV3、YV5 分别为 3 个水箱的进水电磁阀； YV2、YV4、YV6 分别为 3 个水箱的放水电磁阀。

SB1、SB3、SB5 分别为 3 个水箱放水电磁阀手动开启按钮，SB2、SB4、SB6 分别为 3 个水箱放水电磁阀手动关闭按钮。可以通过人为的方式，按随机的顺序将水箱放空。只要检测到水箱空的信号，系统就自动向水箱注水，直到检测到水箱满的信号。

水箱的注水顺序与放空顺序相同。例如，当水箱的放空顺序是水箱 2、水箱 1、水箱 3 时，水箱的注水顺序也为水箱 2、水箱 1、水箱 3。每次只能对一个水箱进行注水操作。

当液面未淹没液位传感器（SL1～SL6）时，传感器是断开状态；当液面淹没传感器（SL1～SL6）时，传感器是闭合状态。

要求：

（1）输入/输出信号器件分析。

（2）硬件组态。

（3）输入/输出地址分配。

（4）画出外部输入/输出接线图。

（5）建立符号表。

（6）编写控制程序。

（7）调试控制程序。

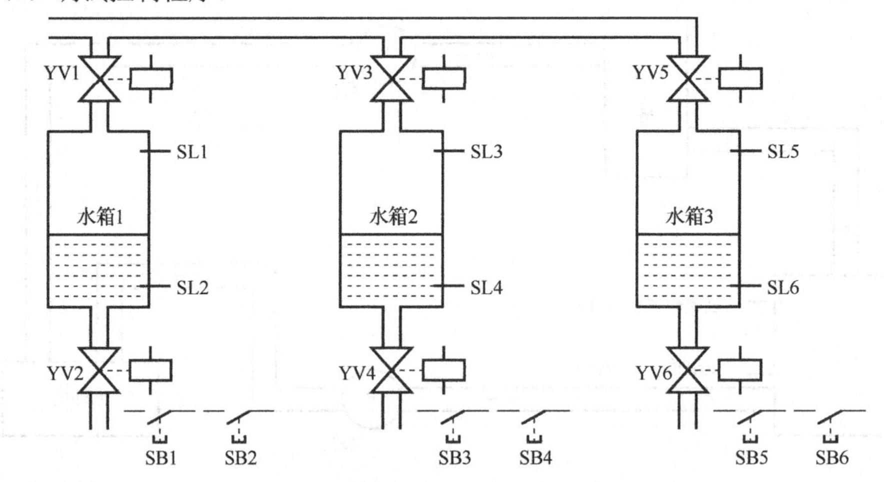

图 9-9　水箱水位控制系统示意图

6．水泵 PLC 控制。

在一个恒压供水系统中，有 4 台水泵，为保持主管道压力在一定范围内恒定，可将水泵自动地依次进行切换，如图 9-10 所示。控制要求如下。

当主管道压力低于正常压力 5s 后，接通水泵；当主管道压力高于正常压力 5s 后，切除水泵。

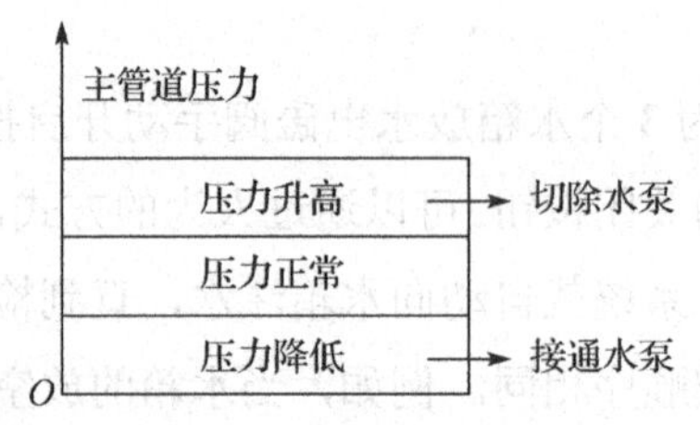

图 9-10　压力控制示意图

4 台水泵的运行时间和接通的频率尽可能一致。

水泵切换的原则是：当需要切除水泵时，总是将运行时间最长的那台水泵先切除；当需要接通水泵时，总是将停止时间最长的那台水泵先接通。

要求：

（1）输入/输出信号器件分析。

（2）硬件组态。

（3）输入/输出地址分配。

（4）画出外部输入/输出接线图。

（5）建立符号表。

（6）编写控制程序。

（7）调试控制程序。

项目 10
十字路口交通信号灯 PLC 控制

10.1 项目要求

交通信号灯的位置如图 10-1 所示。

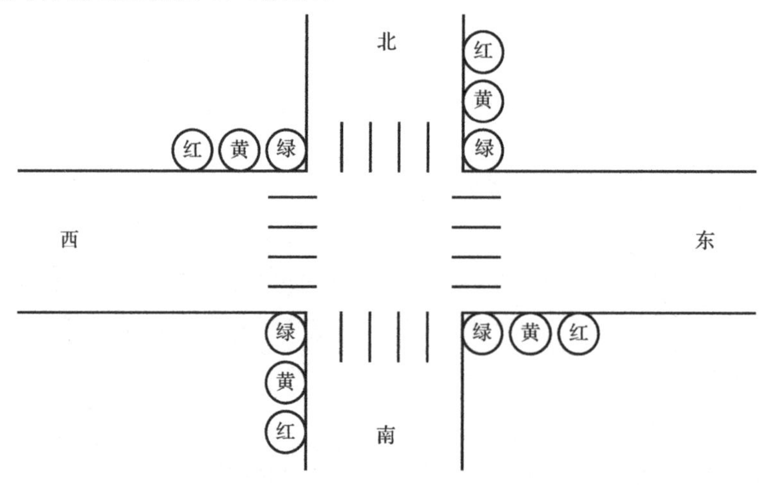

图 10-1　交通信号灯的位置

选择白天开关 SA-1 接通，选择白天，交通信号灯按照预先规定的时序规律自动循环亮灭。交通信号灯白天控制规律如表 10-1 所示。交通信号灯白天控制时序图如图 10-2 所示。

表 10-1　交通信号灯白天控制规律

<table>
<tr><td rowspan="2">东西方向</td><td>信号灯</td><td>绿灯亮</td><td>绿灯闪烁</td><td>黄灯亮</td><td colspan="3">红灯亮</td></tr>
<tr><td>信号时间</td><td>25s</td><td>3 秒（1 次/s）</td><td>2s</td><td colspan="3">30s</td></tr>
<tr><td rowspan="2">南北方向</td><td>信号灯</td><td colspan="3">红灯亮</td><td>绿灯亮</td><td>绿灯闪烁</td><td>黄灯亮</td></tr>
<tr><td>信号时间</td><td colspan="3">30s</td><td>25s</td><td>3s（1 次/s）</td><td>2s</td></tr>
</table>

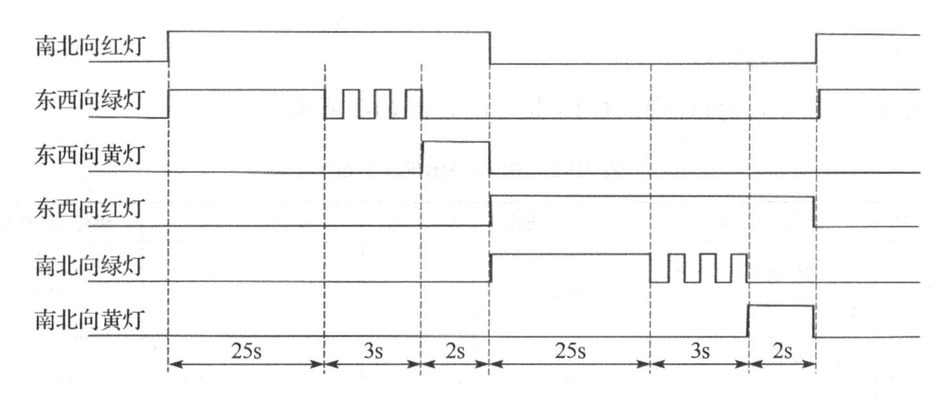

图 10-2　交通信号灯白天控制时序图

选择晚上开关 SA-2 接通，选择晚上，红灯和绿灯停止工作，只有黄灯一直闪烁，频率为 1 次/s。

10.2　学习目标

1．巩固定时器指令的使用，并能完成巩固练习的定时控制。

2．巩固位存储器的使用，并能总结应用经验。

3．掌握交通信号灯控制的工作原理，并能根据时序图叙述。

4．提高 PLC 编程与联机调试能力。

10.3　项目解决步骤

步骤 1．输入和输出信号器件分析。

输入：启动按钮 SB1、停止按钮 SB2、选择白天开关 SA-1、选择晚上开关 SA-2。

输出：南北向红灯、东西向红灯、东西向绿灯、南北向绿灯、东西向黄灯、南北向黄灯。

步骤 2．硬件组态。

硬件组态如图 10-3 所示。

系统块

	模块	版本	输入	输出	订货号
CPU	CPU SR40 (AC/DC/Relay)	V02.00.00_00.00.01.00	I0.0	Q0.0	6ES7 288-1SR40-0AA0

图 10-3　硬件组态

步骤 3．输入/输出信号器件分析。

根据项目要求，得到输入/输出地址分配如表 10-2 所示。

表 10-2　输入/输出地址分配

序　号	输入信号名称	编程元件地址	序　号	输出信号名称	编程元件地址
1	启动按钮 SB1（常开触点）	I0.0	1	南北向红灯 HL5	Q0.5
2	停止按钮 SB2（常开触点）	I0.1	2	东西向绿灯 HL0	Q0.0
3	选择白天开关 SA-1（常开触点）	I0.2	3	东西向黄灯 HL1	Q0.1
4	选择晚上开关 SA-2（常开触点）	I0.3	4	东西向红灯 HL2	Q0.2
—	—	—	5	南北向绿灯 HL3	Q0.3
—	—	—	6	南北向黄灯 HL4	Q0.4

步骤 4．接线图。

交通信号灯接线图如图 10-4 所示。

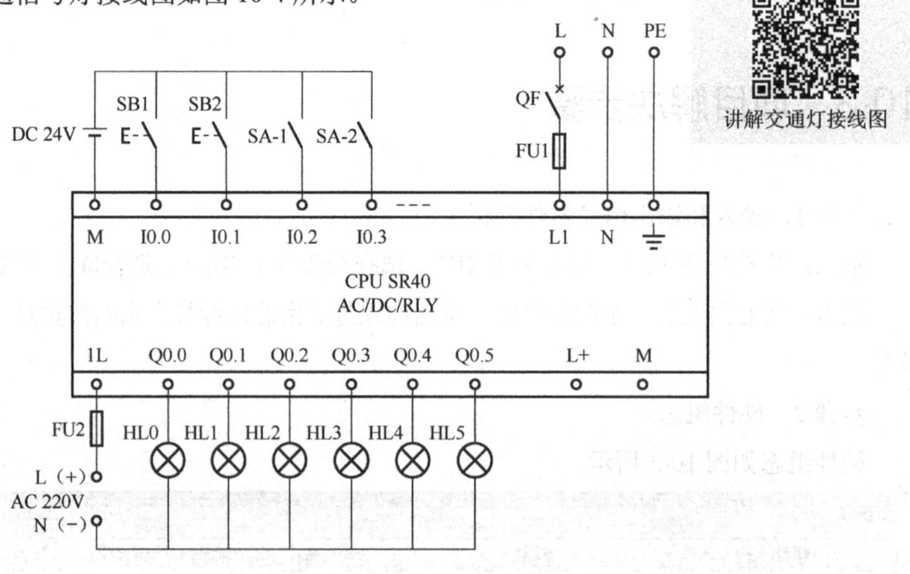

图 10-4　交通信号灯接线图

步骤 5．建立符号表。

交通信号灯的符号表如图 10-5 所示。

符号表

	符号	地址
1	启动SB1	I0.0
2	停止SB2（常闭）	I0.1
3	选择白天SA1	I0.2
4	选择晚上SA2	I0.3
25	东西绿灯HL0	Q0.0
26	东西黄灯HL1	Q0.1
27	东西红灯HL2	Q0.2
28	南北绿灯HL3	Q0.3
29	南北黄灯HL4	Q0.4
30	南北红灯HL5	Q0.5

图 10-5　交通信号灯的符号表

讲解交通灯程序

步骤 6．根据项目要求、时序图、输入/输出地址分配编写控制程序。

交通信号灯 PLC 控制程序如图 10-6 所示。

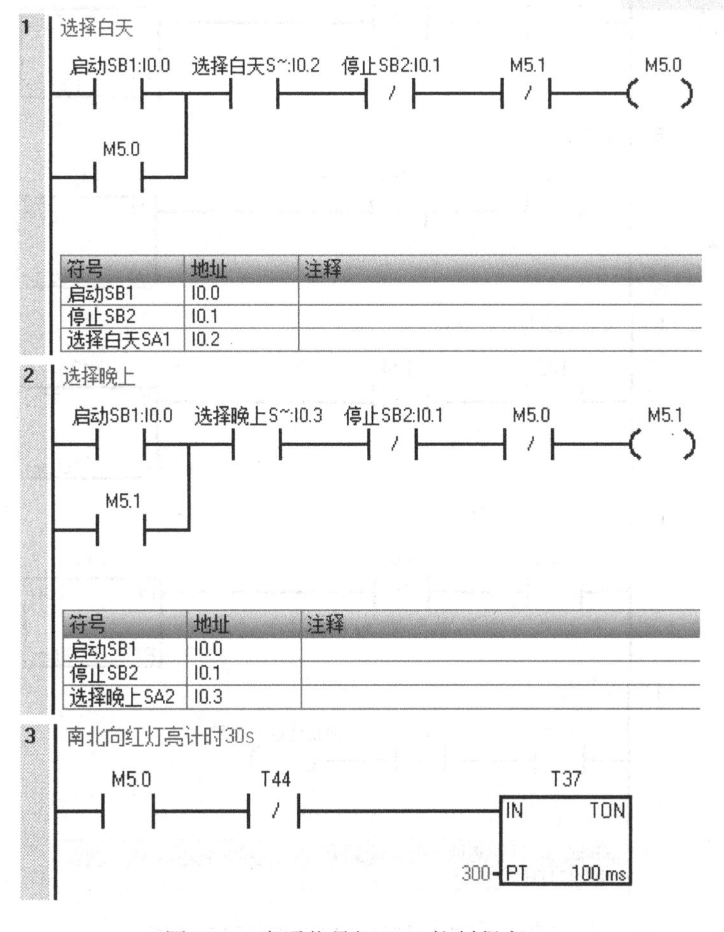

图 10-6　交通信号灯 PLC 控制程序

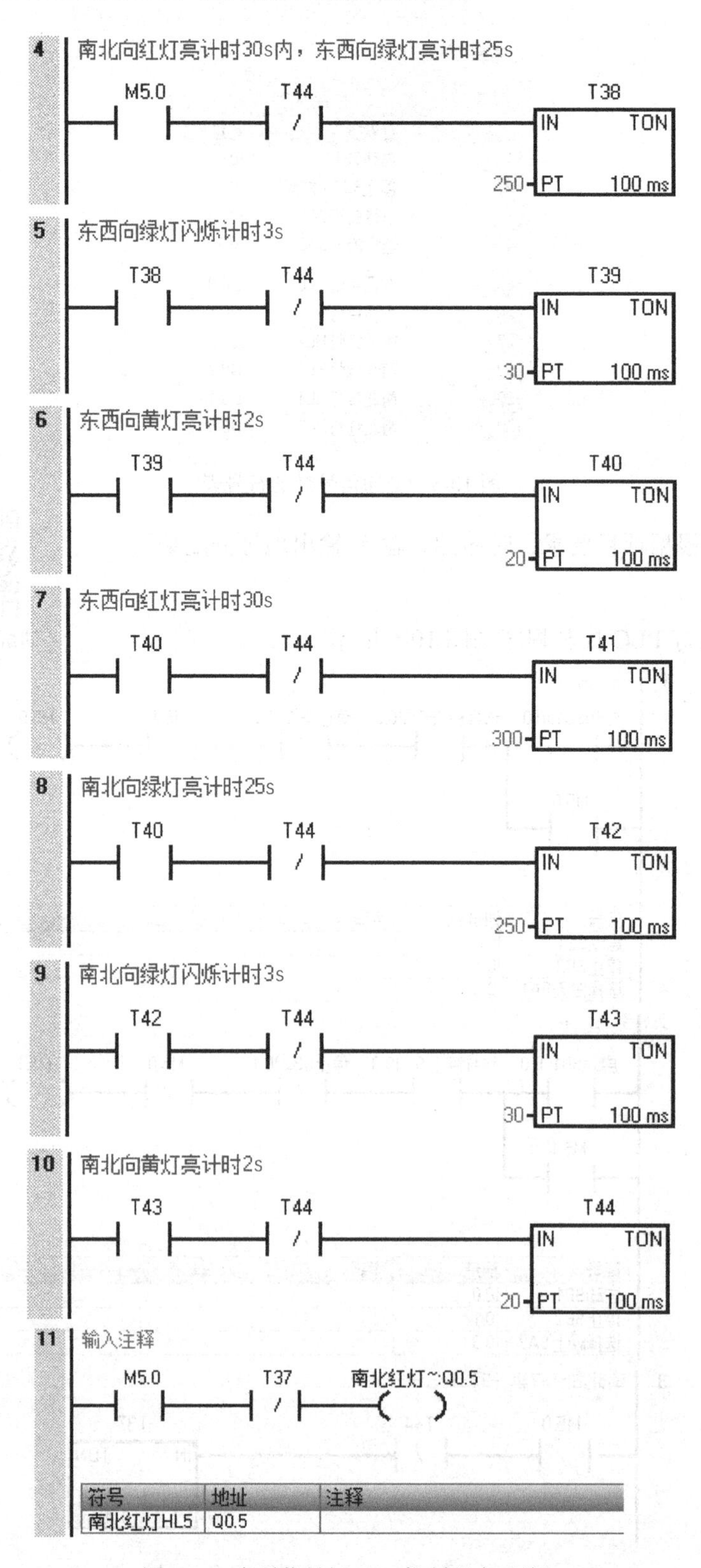

图 10-6　交通信号灯 PLC 控制程序（续）

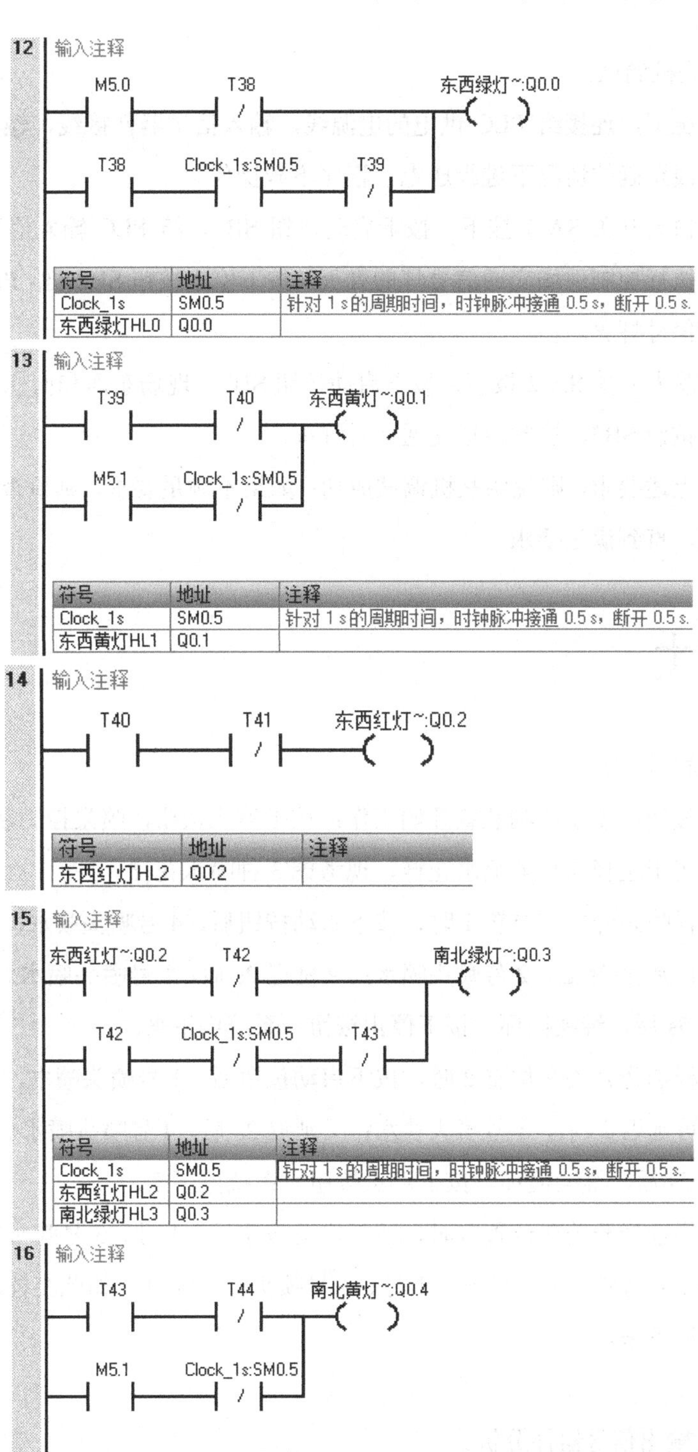

图 10-6　交通信号灯 PLC 控制程序（续）

步骤 7．联机调试。

在断电情况下，连接给 PLC 供电的电源线，输入信号器件接线，输出信号器件接线，确保在接线正确的情况下进行送电、程序下载操作。

（1）选择白天开关 SA-1 按下，按下启动按钮 SB1，给 PLC 输入信号，通过 PLC 控制器程序的执行控制现场交通信号灯的亮灭。按下停止按钮 SB2，给 PLC 输入信号，控制现场交通信号灯灭。

（2）选择晚上开关 SA-2 按下，按下启动按钮 SB1，现场东西和南北方向的黄灯闪烁。按下停止按钮 SB2，控制现场交通信号灯灭。

如果满足上述要求，则说明联机调试成功；如果不满足要求，则检查原因，纠正错误，重新调试，直到满足要求。

巩固练习十

1．花样喷泉控制。

按下启动按钮，喷泉控制装置开始工作；按下停止按钮，喷泉控制装置停止工作。花样选择开关用于选择喷泉的喷水花样，现考虑 3 种喷水花样。

（1）当花样喷泉开关在位置 1 时，按下启动按钮后，4 号喷头喷水，延迟 2s 后，3 号喷头喷水；再延迟 2s 后，2 号喷头喷水；又延迟 2s 后，1 号喷头喷水。18s 后全部停止喷水，停止 5s 后，继续循环。按下停止按钮，系统停下来。

（2）当花样选择开关在位置 2 时，按下启动按钮后，1 号喷头喷水，延迟 2s 后，2 号喷头喷水；再延迟 2s 后，3 号喷头喷水；又延迟 2s 后，4 号喷头喷水。30s 后全部停止喷水，停止 5s 后，继续循环。按下停止按钮，系统停下来。

（3）当花样选择开关在位置 3 时，按下启动按钮后，1 号、3 号喷头同时喷水，延迟 3s 后，2 号、4 号喷头同时喷水，1 号、3 号喷头停止喷水，如此交替运行。按下停止按钮，系统停下来。

要求：

（1）输入/输出信号器件分析。

（2）硬件组态。

（3）输入/输出地址分配。

（4）画出外部输入/输出接线图。

（5）建立符号表。

（6）编写控制程序。

（7）调试控制程序。

2．抢答器控制。

给主持人设置 3 个控制按钮，用来控制抢答限时、复位和答题计时的开始；抢答开始前，选手按钮无效。

抢答限时：当主持人发出开始抢答指令后，定时器 T0 开始计时（设定 10s），同时扬声器发出声响（T1=1s），绿色指示灯点亮。若 10s 时限到仍无人抢答，则红色指示灯亮、扬声器发出声响（T3=3s），以示选手放弃该题。

选手抢答成功后，绿色指示灯熄灭，同时扬声器发出声响（T4=1s），选手指示灯点亮，此时其他选手按钮失效。

在抢答成功后，主持人按下答题计时开始按钮，绿色指示灯点亮，扬声器发出声响（T5=2s），答题时间设定为 20s，选手必须在设定时间内完成答题；否则，红色指示灯亮，扬声器发出答题超时报警信号（T6=3s）。

选手答题完毕，由主持人按下复位按钮，系统才能开始下一轮抢答。

要求：

（1）输入/输出信号器件分析。

（2）硬件组态。

（3）输入/输出地址分配。

（4）画出外部输入/输出接线图。

（5）建立符号表。

（6）编写控制程序。

（7）调试控制程序。

3．按钮式人行道交通信号灯 PLC 控制。

在道路交通管理中，有许多按钮式人行道交通信号灯，如图 10-7 所示，在正常情况下，汽车通行，即主干道方向 HL1 和 HL6 绿灯亮，人行道方向 HL8 和 HL9 红灯亮；若行人想过马路，就按按钮，当按下按钮 SB1 或 SB2 后，主干道交通信号灯绿灯亮 5s→绿灯闪烁 3s→黄灯亮 3s→红灯亮 20s，当主干道红灯亮时，人行道从红灯亮转为绿灯亮，15s 后，人行道绿灯开始闪烁，闪烁 5s 后转为主干道绿灯亮，人行道红灯亮。

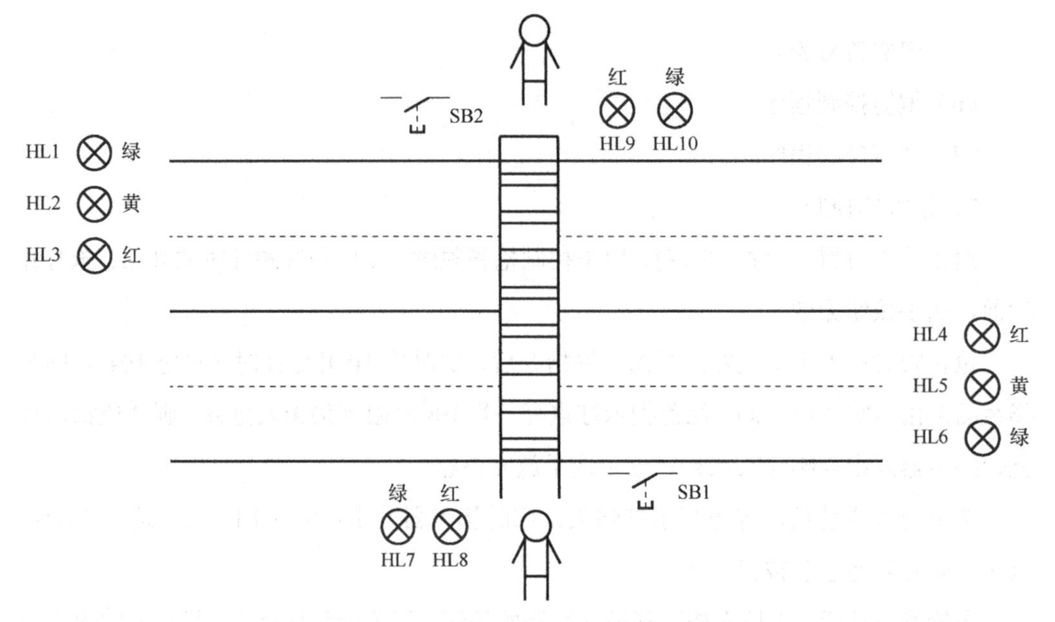

图 10-7　按钮式人行道交通信号灯示意图

要求：

（1）输入/输出信号器件分析。

（2）硬件组态。

（3）输入/输出地址分配。

（4）画出外部输入/输出接线图。

（5）建立符号表。

（6）编写控制程序。

（7）调试控制程序。

4．水塔水位的 PLC 控制。

在自来水供水系统中，为解决高层建筑的供水问题，修建了一些水塔。为保证水塔的正常水位，需要用水泵为其供水。水泵房有 5 台泵，使用三相异步电动机驱动，正常运行时，4 台电动机运转，1 台电动机备用。控制任务如下。

（1）因电动机功率较大，所以为减小启动电流，电动机采用定子串电阻降压启动，要错开启动时间（间隔时间为 6s）。

（2）为防止某台电动机因长期闲置而产生锈蚀，备用电动机可通过预置开关预先随意设置。如果未设置备用电动机组号，则系统默认 5 号电动机为备用电动机。

（3）每台电动机都有手动和自动两种控制状态。在自动控制状态下，不论设置哪一台电动机作为备用电动机，其余的 4 台电动机都要按顺序逐台启动。

（4）在自动控制状态下，如果由于故障使某台电动机停止运行，而水塔水位又未达到高水位，则备用电动机自动降压启动；同时对发生故障的电动机根据故障性质发出停机报警信号，提醒维护人员及时排除故障。当水塔水位达到高水位时，高液位传感器发出停机信号，各台电动机停止运行；当水塔水位低于低水位时，低液位传感器自动发出开机信号，系统自动按顺序降压启动各电动机。

（5）因水泵房距离水塔较远，所以每台电动机都有就地操作按钮和远程操作按钮。

（6）每台电动机都有运行状态指示灯（运行、备用和故障）。

（7）液位传感器要有状态指示灯。

要求：

（1）输入/输出信号器件分析。

（2）硬件组态。

（3）输入/输出地址分配。

（4）画出外部输入/输出接线图。

（5）建立符号表。

（6）编写控制程序。

（7）调试控制程序。

项目 11 货物转运仓库 PLC 控制

讲解转运仓库项目要求

11.1 项目要求

某个货物转运仓库可存储 900 件物品，由电动机 M1 驱动传送带 1 将物品运送至仓库区，由电动机 M2 驱动传送带 2 将物品运出仓库区。传送带 1 两侧安装有光电传感器 PS1，用来检测入库的物品；传送带 2 两侧安装有光电传感器 PS2，用来检测出库的物品。

启动按钮 SB1 和停止按钮 SB2 控制电动机 M1，启动按钮 SB3 和停止按钮 SB4 控制电动机 M2。

转运仓库的物品数可通过 6 个指示灯来显示：仓库空指示灯 HL1，≥20%指示灯 HL2，≥40%指示灯 HL3，≥60%指示灯 HL4，≥80%指示灯 HL5，仓库满指示灯 HL6。

货物转运仓库示意图如图 11-1 所示。

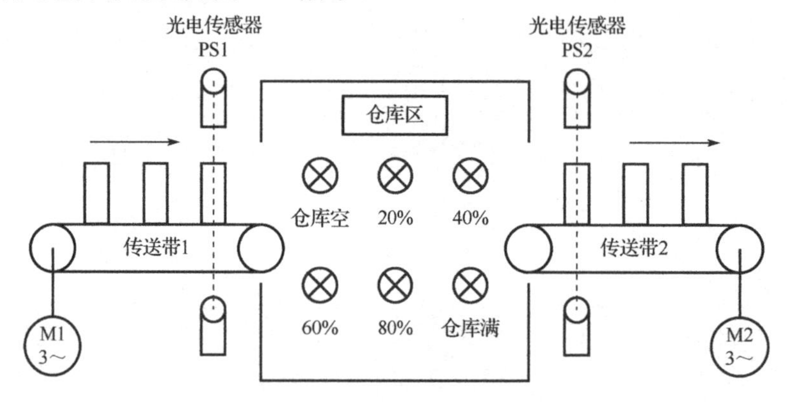

图 11-1　货物转运仓库示意图

11.2 学习目标

1．掌握计数器指令的应用，并能灵活用其编程。

2．掌握转换指令，并能灵活用其编程。

3．掌握整数与浮点数的运算指令，并能灵活用其编程。

4．掌握比较指令，并能灵活用其编程。

5．掌握仓库存储计数控制，并能独立叙述。

6．提高编程及调试能力，并能完成本项目巩固练习的程序编写。

11.3　相关知识

11.3.1　计数器指令

计数器的 3 种类型：加计数器、减计数器和加减计数器。

1．加计数器指令

加计数器指令如图 11-2 所示。

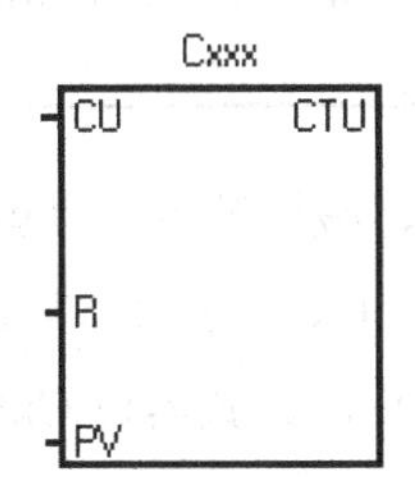

图 11-2　加计数器指令

当 CU 端从断开转换为接通时，CTU 加计数器指令就从当前值开始加计数。当前值 Cxxx 大于或等于预设值 PV 时，计数器位 Cxxx 接通。当复位端 R 接通或对计数器位 Cxxx 执行复位指令时，当前值会复位，即当前值为 0；当计数器值达到最大值 32767 时，计数器停止计数。加计数器指令参数如表 11-1 所示。

表 11-1　加计数器指令参数

输入/输出	数 据 类 型	操 作 数
Cxxx	WORD	常数（C0～C255）
CU	BOOL	能流
R	BOOL	能流
PV	INT	IW、QW、VW、MW、SMW、SW、LW、T、C、AC、AIW、*VD、*LD、*AC、常数

2．减计数器指令

减计数器指令如图 11-3 所示。

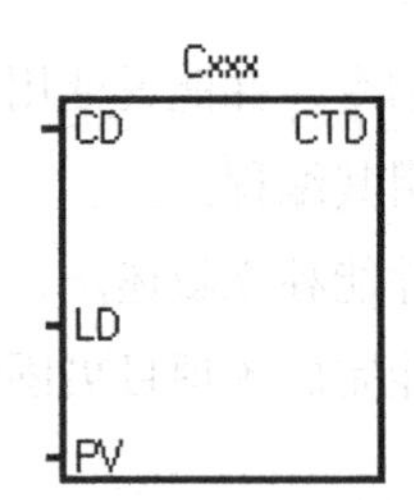

图 11-3　减计数器指令

减计数器指令参数如表 11-2 所示。

表 11-2　减计数器指令参数

输入/输出	数 据 类 型	操 作 数
Cxxx	WORD	常数（C0～C255）
CD	BOOL	能流
LD（LAD）	BOOL	能流
PV	INT	IW、QW、VW、MW、SMW、SW、LW、T、C、AC、AIW、*VD、*LD、*AC、常数

当 CD 端从断开转换为接通时，减计数器指令就会从计数器的当前值开始减计数。当当前值 Cxxx 等于 0 时，计数器位 Cxxx 接通。当 LD 端接通时，预设值 PV 装载当前值。计数器值达到零后，计数器停止，计数器位 Cxxx 接通，如图 11-4 所示。

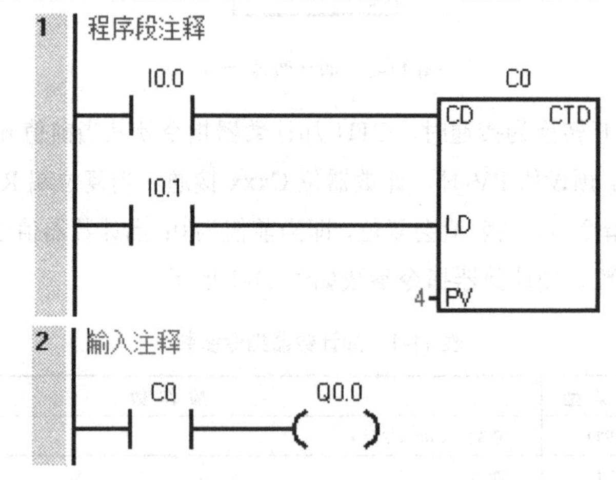

图 11-4　减计数器指令应用

在图 11-4 中，CD 端为减计数端，LD 为赋初值端，当 C0 减小到 0 时，C0 常开触点接通。

3．加减计数器指令

加减计数器指令如图 11-5 所示。

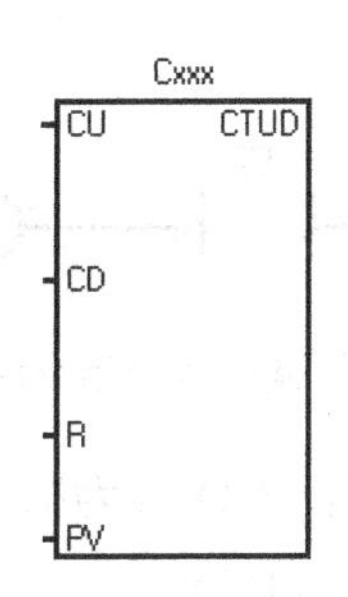

图 11-5　加减计数器指令

加减计数器指令参数如表 11-3 所示。

表 11-3　加减计数器指令参数

输入/输出	数 据 类 型	操 作 数
Cxxx	WORD	常数（C0～C255）
CU、CD	BOOL	能流
R	BOOL	能流
PV	INT	IW、QW、VW、MW、SMW、SW、LW、T、C、AC、AIW、*VD、*LD、*AC、常数

当 CU 端从 OFF 转换为 ON 时，CTUD 加减计数指令就会加计数，每当 CD 端从 OFF 转换为 ON 时，该指令就会减计数。每次执行计数器指令时，都会将 PV 预设值与当前值进行比较，当达到最大值 32767 时，加计数输入处的下一上升沿导致当前计数值变为最小值-32768，此时减计数输入处的下一上升沿导致当前计数值变为最大值 32767。

当当前值 Cxxx 大于或等于 PV 预设值时，计数器位 Cxxx 接通；否则，计数器位断开。当 R 复位输入接通或对 Cxxx 地址执行复位指令时，计数器复位，计数器当前值为 0。

特别注意：由于每个计数器都有一个当前值，因此，请勿将同一计数器编号分配给多个计数器。在使用复位指令复位计数器时，计数器当前值变为 0，如图 11-6 所示。

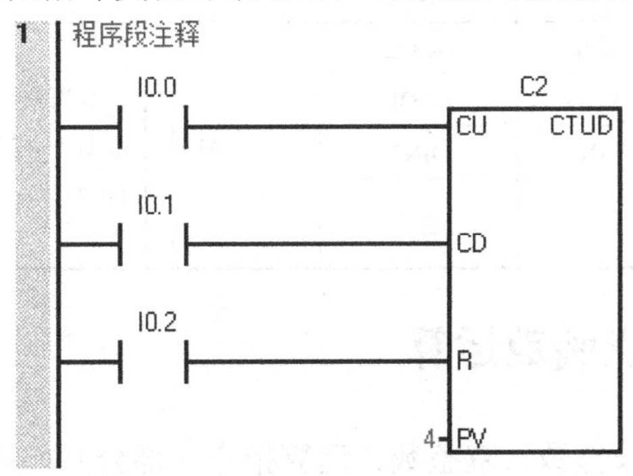

图 11-6　加减计数器指令应用

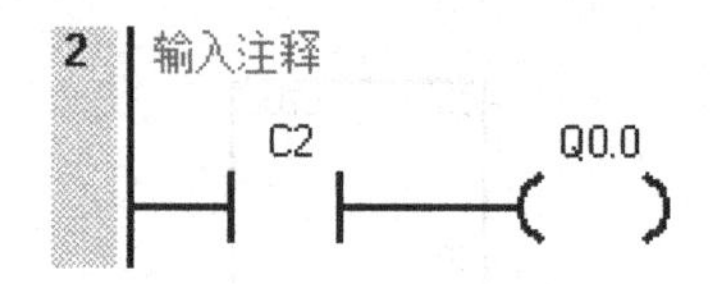

图 11-6　加减计数器指令应用（续）

在图 11-6 中，CU 端为加计数端，CD 端为减计数端，R 为复位端，当当前值大于或等于 4 时，加减计数器 C2 常开触点接通。

11.3.2　转换指令

在进行数据运算时，如果数据类型不一样，就不能进行运算，因此，必须先进行数据类型的转换。部分数据类型转换指令如表 11-4 所示。对于其余指令，如果有需要，则可以通过软件，在所学指令上按 F1 键进行学习。

表 11-4　部分数据类型转换指令

LAD 指令	参　数	数 据 类 型	存 储 区	说　　明
BCD_I（EN、ENO、IN、OUT）	EN	BOOL	I、Q、M 等	BCD 码转换为整数：读取 IN 中的 3 位 BCD 码(+/−999)，并将其转换为整数（16 位），将结果送给 OUT
	ENO	BOOL		
	IN	WORD		
	OUT	INT		
I_BCD（EN、ENO、IN、OUT）	EN	BOOL	I、Q、M 等	整数转换为 BCD 码：读取 IN 中的整数（16 位），并将其转换为 3 位 BCD 码数字(+/−999)，将结果送给 OUT
	ENO	BOOL		
	IN	INT		
	OUT	WORD		
I_DI（EN、ENO、IN、OUT）	EN	BOOL	I、Q、M 等	整数转换为长整数：读取 IN 中的整数（16 位），并将其转换为长整数（32 位），将结果送给 OUT
	ENO	BOOL		
	IN	INT		
	OUT	DINT		
	OUT	DWORD		
DI_R（EN、ENO、IN、OUT）	EN	BOOL	I、Q、M 等	长整数转换为浮点数：读取 IN 中的长整数，并将其转换为浮点数，将结果送给 OUT
	ENO	BOOL		
	IN	DINT		
	OUT	REAL		

11.3.3　整数和浮点函数运算

16 位整数与 32 位长整数（双整数）运算指令（部分）如表 11-5 所示。对于其余指令，如果有需要，则可以通过软件，在所学指令上按 F1 键进行学习。

表 11-5　16 位整数与 32 位长整数运算指令（部分）

LAD 指令	功 能 说 明	LAD 指令	功 能 说 明
ADD_I EN　ENO ????-IN1　OUT-???? ????-IN2	整数加：计算 IN1+IN2，将结果送给 OUT	ADD_DI EN　ENO ????-IN1　OUT-???? ????-IN2	长整数加：计算 IN1+IN2，将结果送给 OUT
SUB_I EN　ENO ????-IN1　OUT-???? ????-IN2	整数减：计算 IN1−IN2，将结果送给 OUT	SUB_DI EN　ENO ????-IN1　OUT-???? ????-IN2	长整数减：计算 IN1−IN2，将结果送给 OUT
MUL_I EN　ENO ????-IN1　OUT-???? ????-IN2	整数乘：计算 IN1×IN2，将结果送给 OUT	MUL_DI EN　ENO ????-IN1　OUT-???? ????-IN2	长整数乘：计算 IN1×IN2，将结果送给 OUT
DIV_I EN　ENO ????-IN1　OUT-???? ????-IN2	整数除：计算 IN1÷IN2，将结果送给 OUT	DIV_DI EN　ENO ????-IN1　OUT-???? ????-IN2	长整数除：计算 IN1÷IN2，将结果送给 OUT

32 位浮点函数运算指令（部分）如表 11-6 所示。对于其余指令，如果有需要，则可以通过软件，在所学指令上按 F1 键进行学习。

表 11-6　32 位浮点函数运算指令（部分）

LAD 指令	功 能 说 明	LAD 指令	功 能 说 明
ADD_R EN　ENO ????-IN1　OUT-???? ????-IN2	实数加：计算 IN1+IN2，将结果送给 OUT	MUL_R EN　ENO ????-IN1　OUT-???? ????-IN2	实数乘：计算 IN1×IN2，将结果送给 OUT

续表

LAD 指令	功 能 说 明	LAD 指令	功 能 说 明
SUB_R EN ENO ????-IN1 OUT-???? ????-IN2	实数减：计算 IN1−IN2，将结果送给 OUT	DIV_R EN ENO ????-IN1 OUT-???? ????-IN2	实数除：计算 IN1÷IN2，将结果送给 OUT

11.3.4 比较指令

STEP7-Micro/Win SMART 提供的比较指令如表 11-7 所示。

表 11-7 STEP7-Micro/Win SMART 提供的比较指令

功 能	整 数 比 较	长整数比较	实 数 比 较
等于	???? ┤==I├ ????	???? ┤==D├ ????	???? ┤==R├ ????
不等于	???? ┤<>I├ ????	???? ┤<>D├ ????	???? ┤<>R├ ????
大于	???? ┤>I├ ????	???? ┤>D├ ????	???? ┤>R├ ????
小于	???? ┤<I├ ????	???? ┤<D├ ????	???? ┤<R├ ????
大于或等于	???? ┤>=I├ ????	???? ┤>=D├ ????	???? ┤>=R├ ????
小于或等于	???? ┤<=I├ ????	???? ┤<=D├ ????	???? ┤<=R├ ????

注意：比较指令只能是两个相同数据类型进行比较，不同的数据类型一定要进行数据类型的转换才能比较。若比较的结果为“真”，则输出为“1”。以“小于”为例，当 IN1 端的数据<IN2 端的数据时，输出为“1”；否则输出为“0”。

11.4　项目解决步骤

步骤 1．输入和输出信号器件分析。

输入：M1 启动按钮 SB1、M1 停止按钮 SB2、M2 启动按钮 SB3、M2 停止按钮 SB4、传送带 1 传感器 PS1、传送带 2 传感器 PS2。

输出：仓库空指示灯 HL1，≥20%指示灯 HL2，≥40%指示灯 HL3，≥60%指示灯 HL4，≥80%指示灯 HL5，仓库满指示灯 HL6，M1 电动机接触器 KM1 线圈，M2 电动机接触器 KM2 线圈。

步骤 2．硬件组态。

硬件组态如图 11-7 所示。

系统块

	模块	版本	输入	输出	订货号
CPU	CPU SR40 (AC/DC/Relay)	V02.00.00_00.00.01.00	I0.0	Q0.0	6ES7 288-1SR40-0AA0

图 11-7　硬件组态

步骤 3．输入/输出地址分配。

输入/输出地址分配如表 11-8 所示。

表 11-8　输入/输出地址分配

序　号	输入信号器件名称	编程元件地址	序　号	输出信号器件名称	编程元件地址
1	M1 启动按钮 SB1（常开触点）	I0.0	1	M1 电动机接触器 KM1 线圈	Q0.0
2	M1 停止按钮 SB2（常闭触点）	I0.1	2	M2 电动机接触器 KM2 线圈	Q0.1
3	M2 启动按钮 SB3（常开触点）	I0.2	3	仓库空指示灯 HL1	Q0.2
4	M2 停止按钮 SB4（常闭触点）	I0.3	4	≥20%指示灯 HL2	Q0.3
5	传送带 1 传感器 PS1（常开触点）	I0.4	5	≥40%指示灯 HL3	Q0.4
6	传送带 2 传感器 PS2（常开触点）	I0.5	6	≥60%指示灯 HL4	Q0.5
—	—	—	7	≥80%指示灯 HL5	Q0.6
—	—	—	8	仓库满指示灯 HL6	Q0.7

步骤 4．接线图。

货物转运仓库接线图 11-8 所示。

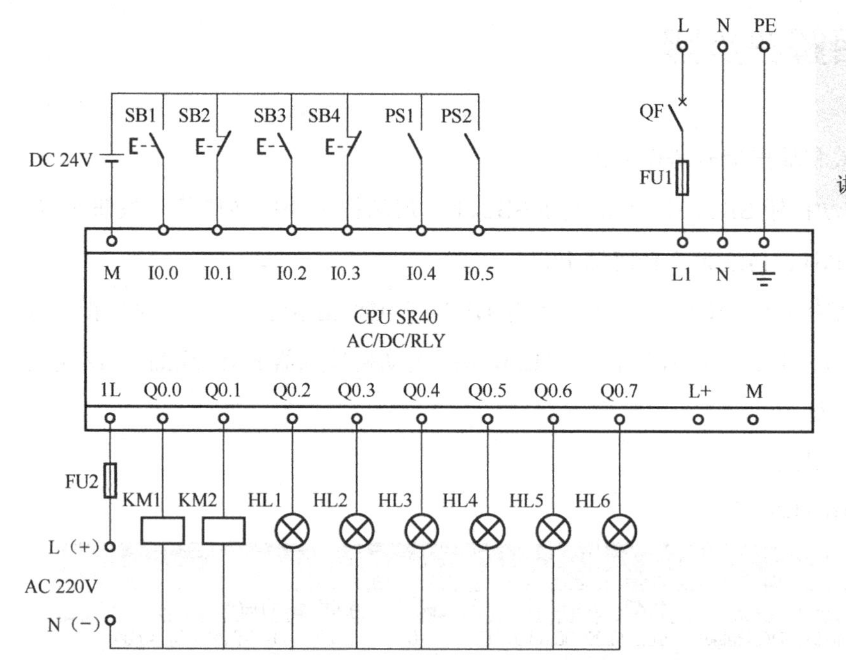

讲解转运仓库接线图

图 11-8　货物转运仓库接线图

步骤 5．建立符号表。

货物转运仓库符号表如图 11-9 所示。

符号表

			符号	地址
1			启动SB1（常开）	I0.0
2			停止SB2（常闭）	I0.1
3			启动SB3（常开）	I0.2
4			停止SB4（常闭）	I0.3
5			传感器PS1（常开）	I0.4
6			传感器PS2（常开）	I0.5
25			M1电机KM1线圈	Q0.0
26			M2电机KM2线圈	Q0.1
27			仓库空HL1	Q0.2
28			HL2	Q0.3
29			HL3	Q0.4
30			HL4	Q0.5
31			HL5	Q0.6
32			仓库满指示灯HL6	Q0.7

图 11-9　货物转运仓库符号表

讲解转运仓库程序

步骤 6．编写货物转运仓库控制程序。

货物转运仓库控制程序如图 11-10 所示。

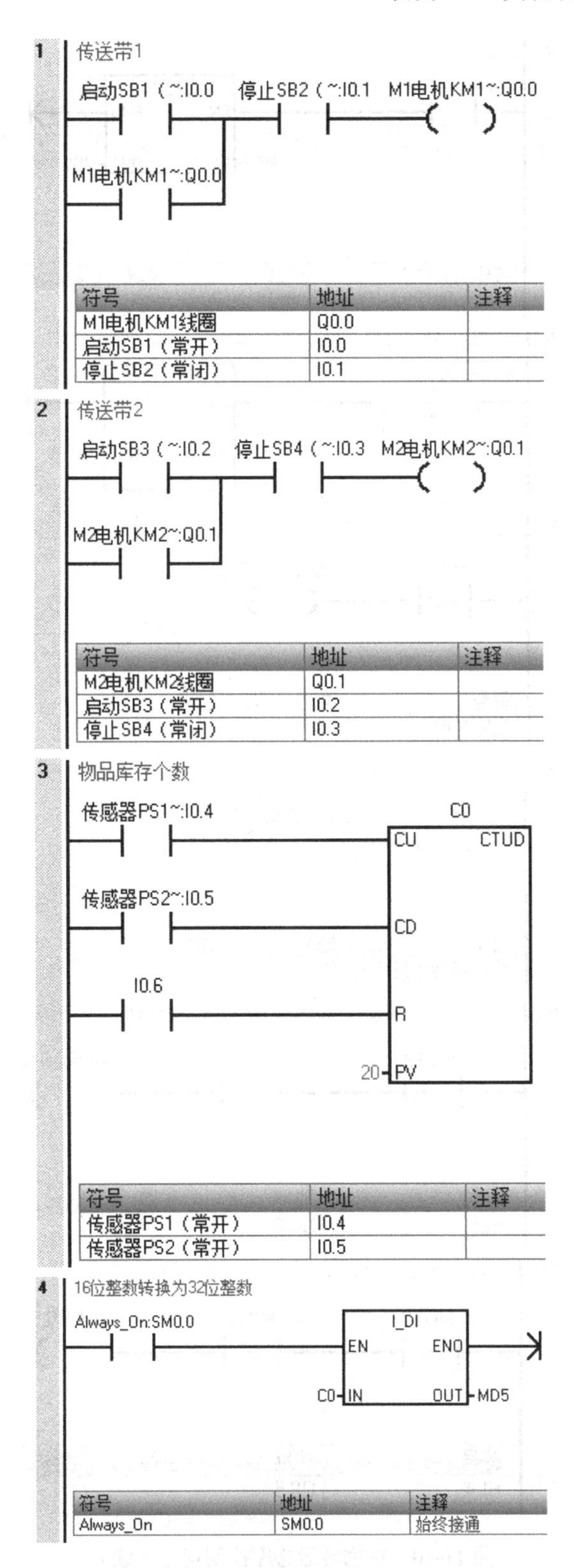

图 11-10　货物转运仓库控制程序

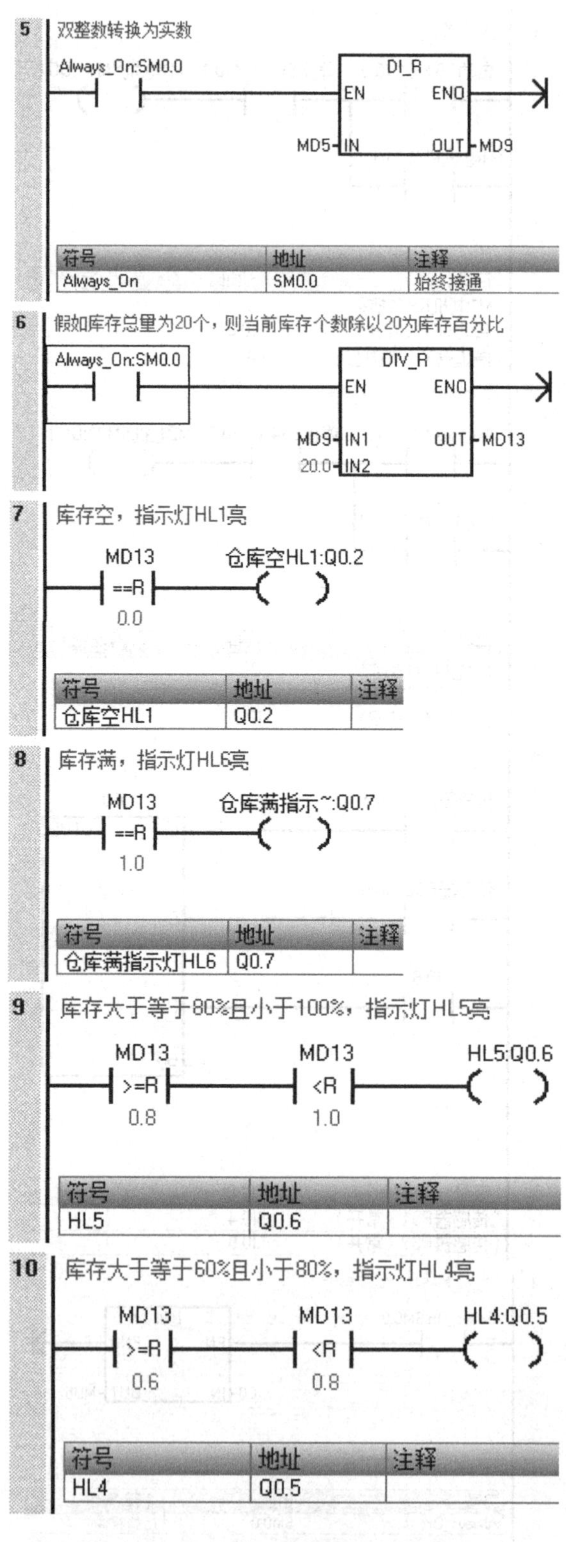

图 11-10　货物转运仓库控制程序（续）

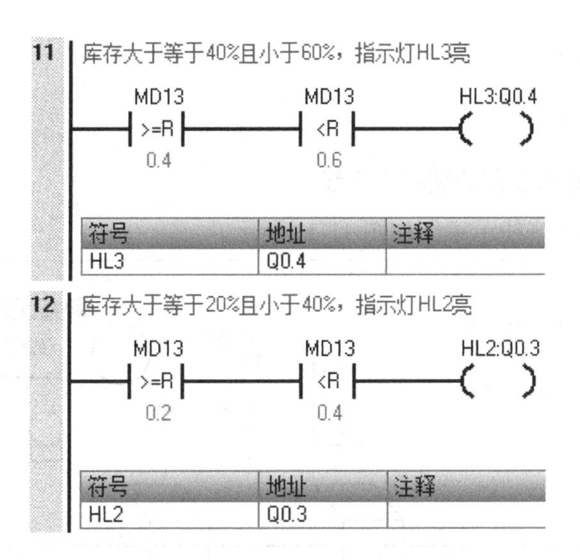

图 11-10　货物转运仓库控制程序（续）

步骤 7．联机调试。

（1）在断电情况下，连接给 PLC 供电的电源线，输入信号器件接线，输出信号器件暂时不接线，确保在接线正确的情况下进行送电、程序下载操作。通过观看 PLC 输出指示灯调试程序，参考项目 6～10，若满足要求，则调试成功；如果不能满足要求，则检查原因，修改程序，重新调试，直到满足要求。

（2）在断电情况下，完成接触器线圈接线和接触器线圈电源接线、主电路接线、传感器接线、指示灯接线等。确保在接线正确的情况下进行送电、程序下载操作，然后按下面的要求调试。

按下启动按钮 SB1，传送带 1 的电动机 M1 启动运行，传送带 1 传感器 PS1 能检测到入库的物品。

按下启动按钮 SB3，传送带 2 的电动机 M2 启动运行，传送带 2 传感器 PS2 能检测到出库的物品。

当仓库存储区物品数达到相应的比例时，相应比例指示灯亮，即仓库的物品数可通过 6 个指示灯来显示：仓库空指示灯 HL1，≥20%指示灯 HL2，≥40%指示灯 HL3，≥60%指示灯 HL4，≥80%指示灯 HL5，仓库满指示灯 HL6。

按下停止按钮 SB2，停止电动机 M1；按下停止按钮 SB4，停止电动机 M2。

若满足上述要求，则调试成功；如果不能满足要求，则检查原因，修改程序，重新调试，直到满足要求。

巩固练习十一

1．PLC 控制的水果自动装箱生产线。

水果自动装箱生产线示意图如图 11-11 所示。

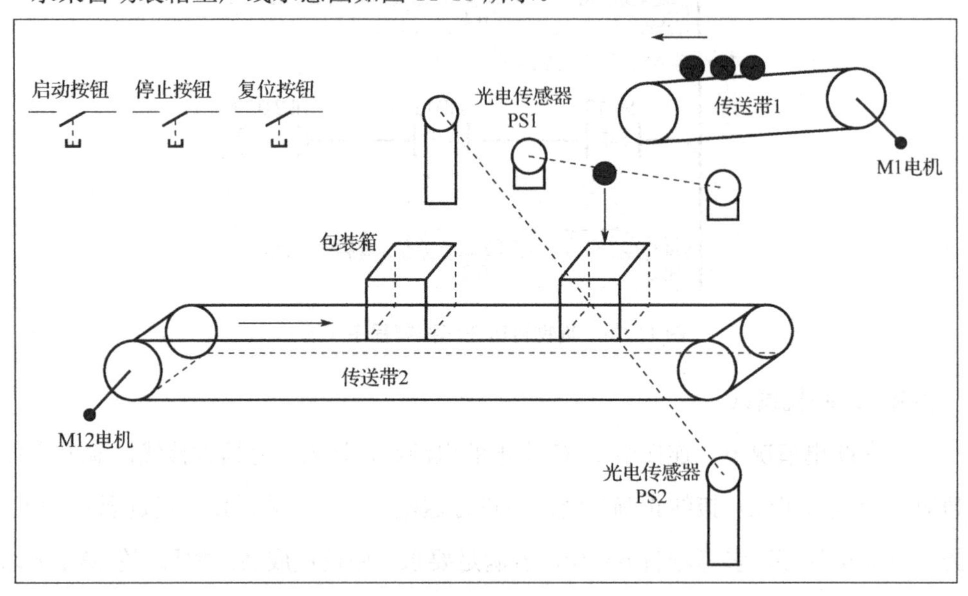

图 11-11　水果自动装箱生产线示意图

（1）按下启动按钮，传送带 2 启动，将包装箱送到指定位置。

（2）当光电传感器 PS2 检测到包装箱到达指定位置后，传送带 2 停止。

（3）等待 1s 后，传送带 1 自动启动，水果逐一落入箱内，同时光电传感器 PS1 进行计数检测。

（4）当落入包装箱内的水果达到 10 个时，传送带 1 停止，传送带 2 自动启动。

（5）按下停止按钮，传送带全部停止。

（6）可以手动对计数值清零（复位）。

要求：

（1）输入/输出信号器件分析。

（2）硬件组态。

（3）输入/输出地址分配。

（4）画出外部输入/输出接线图。

（5）建立符号表。

（6）编写控制程序。

（7）调试控制程序。

2．药片自动装瓶。

按下选择按钮 SB1，指示灯 HL1 亮，表示当前选择每瓶装入 3 片；按下选择按钮 SB2，指示灯 HL2 亮，表示当前选择每瓶装入 5 片；按下选择按钮 SB3，指示灯 HL3 亮，表示当前选择每瓶装入 7 片。选定要装入瓶中的药片数量后，按下系统启动按钮 SB4，电动机 M 驱动传送带运转，光电传感器 PS2 检测到传送带上的药瓶到达装瓶的位置后，传送带停止运转。

当电磁阀 YV 打开装有药片的装置后，通过光电传感器 PS1 对进入药瓶的药片进行计数，当药瓶中的药片达到预先选定的数量后，电磁阀 YV 关闭，传送带重新自动启动，药片装瓶过程自动连续地进行。

如果在当前的装药过程正在进行时需要改变药片装入数量，则只有在当前药瓶装满后，从下一个药瓶开始装入改变后的数量。

如果在装药过程中按下停止按钮 SB5，则在当前药瓶装满后，系统停止运行。

如果在装药过程中按下紧急停止按钮 SB6，则系统停止运行。

药片自动装瓶示意图如图 11-12 所示。

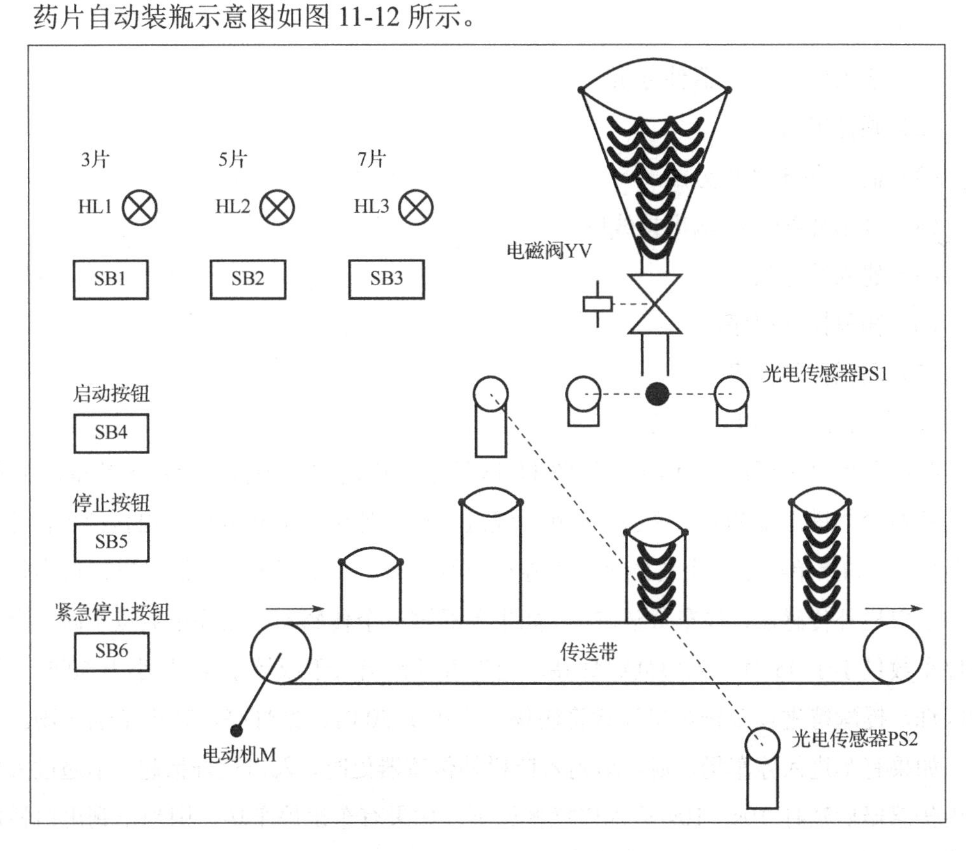

图 11-12　药片自动装瓶示意图

要求：

（1）输入/输出信号器件分析。

（2）硬件组态。

（3）输入/输出地址分配。

（4）画出外部输入/输出接线图。

（5）建立符号表。

（6）编写控制程序。

（7）调试控制程序。

3．利用 PLC 实现对洗衣机的控制。

按下启动按钮 SB1，进水到达高水位，开始洗涤。洗涤时，正转 30s，停 2s；然后反转 30s，停 2s，如此循环 3 次后，洗衣机停止旋转，开始排水；排水到低水位后，需要将所洗衣服人为地拿到脱水桶中，按下脱水启动按钮 SB2，开始脱水；脱水 30s 后，洗衣机开始自动报警 3s 并自动关机。按下排水按钮 SB4 可手动排水；任何时刻按下停止按钮 SB3，都可以停止洗衣机的运行。

要求：

（1）输入/输出信号器件分析。

（2）硬件组态。

（3）输入/输出地址分配。

（4）画出外部输入/输出接线图。

（5）建立符号表。

（6）编写控制程序。

（7）调试控制程序。

4．自动停车场 PLC 控制。

某停车场最多可停 50 辆车，如图 11-13 所示，用两位数码管显示停车数量，用出/入传感器检测进出车辆数，每进一辆车，经过入口栏外传感器和入口栏内传感器，停车数量增 1，如果单经过一个传感器，则停车数量不增。每出一辆车，经过出口栏内传感器和出口栏外传感器，停车数量减 1，如果单经过一个传感器，则停车数量不减。当场内停车数量小于 45 时，入口处绿灯亮，允许入场；当大于或等于 45 且小于 50 时，绿灯闪烁，提醒待进场车辆司机注意将满场；当等于 50 时，红灯亮，禁止车辆入场。

如果有车进入停车场，则当车到入口栏外传感器处时，入口栏杆抬起，车通过入口栏内传感器后延时 10s，10s 后入口栏杆放下；如果有车出停车场，则当车到出口栏内传感器处时，出口栏杆抬起，车通过出口栏外传感器后延时 10s，10s 后出口栏杆放下。

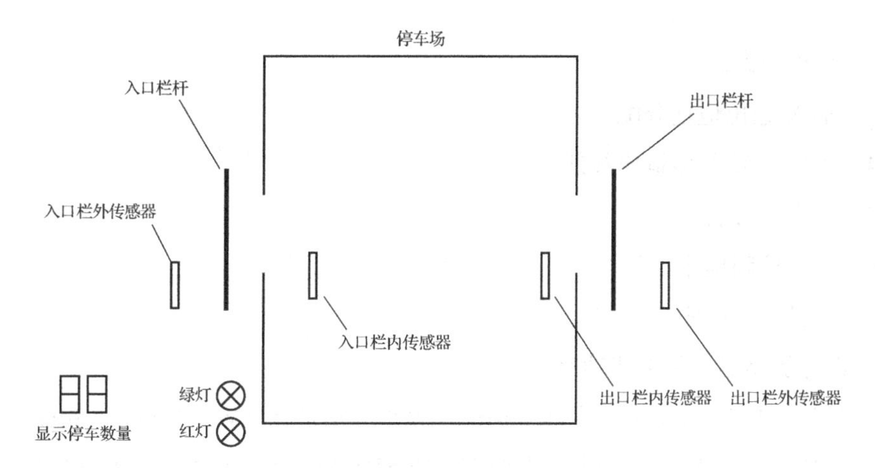

图 11-13　自动停车场示意图

要求：

（1）输入/输出信号器件分析。

（2）硬件组态。

（3）输入/输出地址分配。

（4）画出外部输入/输出接线图。

（5）建立符号表。

（6）编写控制程序。

（7）调试控制程序。

5. 某工厂生产的两种型号工件所需加热时间分别为 40s 和 60s，使用两个开关来控制定时器的设定值，每个开关对应一设定值；用启动按钮和接触器控制加热炉的通断。请用传送指令设计该程序。

要求：

（1）输入/输出信号器件分析。

（2）硬件组态。

（3）输入/输出地址分配。

（4）画出外部输入/输出接线图。

（5）建立符号表。

（6）编写控制程序。

（7）调试控制程序。

6. 设有 8 盏指示灯，控制要求是：当 I0.0 接通时，全部灯亮；当 I0.1 接通时，奇数灯亮；当 I0.2 接通时，偶数灯亮；当 I0.3 接通时，全部灯灭。试编写程序。

要求：

（1）输入/输出信号器件分析。

（2）硬件组态。

（3）输入/输出地址分配。

（4）画出外部输入/输出接线图。

（5）建立符号表。

（6）编写控制程序。

（7）调试控制程序。

7．设计加热器的单按钮功率控制。

控制任务如下：有 7 个功率调节挡位，大小分别是 0.5kW、1kW、1.5kW、2kW、2.5kW、3kW 和 3.5kW，由一个功率调节按钮 SB1 和一个停止按钮 SB2 控制。当第一次按下 SB1 时，功率为 0.5kW，第 2 次按下 SB1 时功率为 1kW，第 3 次按下 SB1 时功率为 1.5kW……第 8 次按下 SB1 或随时按下 SB2 时，停止加热。Q4.0、Q4.1、Q4.2 分别代表 0.5kW、1kW、2kW 加热器。

要求：

（1）输入/输出信号器件分析。

（2）硬件组态。

（3）输入/输出地址分配。

（4）画出外部输入/输出接线图。

（5）建立符号表。

（6）编写控制程序。

（7）调试控制程序。

8．4 层电梯 PLC 控制。

电梯的种类很多，按速度分为低速电梯、快速电梯、高速电梯，按拖动方式分为交流电梯、直流电梯、液压电梯、齿轮齿条电梯等。随着 PLC 控制技术的普及，大大提高了系统的可靠性，减小了控制装置的体积。

电梯各部件功能简介：电梯的控制部件分布于电梯轿厢的内部和外部，在电梯轿厢内部，如图 11-14 所示，有 4 个楼层的按钮（称为内呼按钮）、开门和关门按钮、楼层显示器（指明当前电梯轿厢所处的位置）、上行和下行显示器（用来显示电梯现在所处的状态，即电梯是上行状态还是下行状态）；在电梯轿厢的外部，共分 4 层，每层都有呼叫按钮，即上/下行按钮（是乘客用来发出呼叫的工具）、呼叫指示灯、上行和下行指示灯，以及楼层显示器。在 4 层楼电梯中，1 楼只有上行按钮，4 楼只有下行按钮，其余两层都同时具有上行和下行按钮；而上行、下行指示灯及楼层显示器应相同。

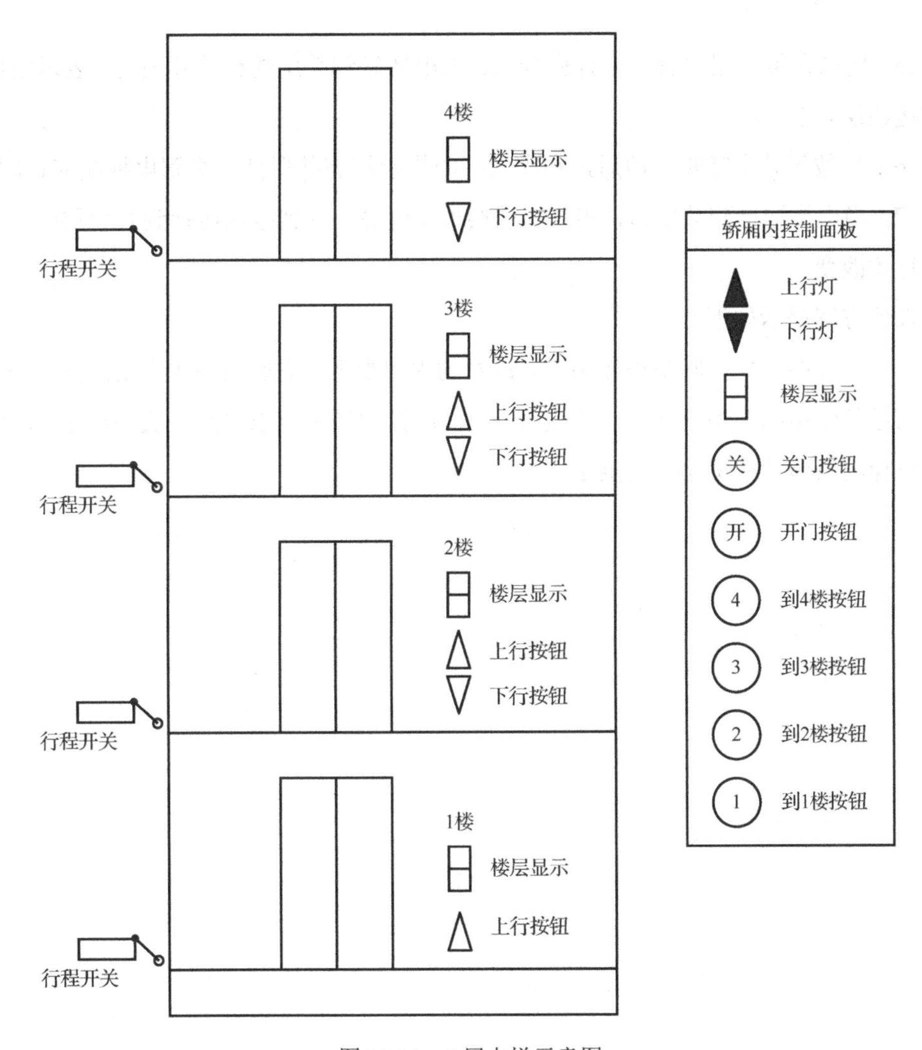

图 11-14　4 层电梯示意图

电梯的控制要求如下。

（1）当电梯运行到指定位置后，在电梯内部按下开门按钮，电梯门打开；按下电梯内部的关门按钮，电梯门关闭。但在电梯行进期间，电梯门是不能打开的。

（2）接受每个呼叫按钮（包括内部与外部的呼叫）的呼叫命令，并做出相应的响应。

（3）当电梯停止在某一层时，如 3 楼，此时按下该层呼叫按钮（上呼叫或下呼叫），相当于发出打开电梯门的命令，进行开门动作过程；若此时电梯的轿厢不在该层（在 1 楼、2 楼、4 楼），则等到电梯门关闭后，按照不换向原则控制电梯向上或向下运行。

（4）电梯运行的不换向原则是指电梯优先响应不改变电梯现在运行方向的呼叫，直到这些命令全部响应完毕才响应使电梯反方向运行的呼叫。例如，现在电梯的位置在 2 楼和 3 楼之间上行，如果此时出现了 1 楼上呼叫、2 楼下呼叫和 3 楼上呼叫，则电梯首先响应 3 楼上呼叫，然后响应 2 楼下呼叫和 1 楼上呼叫。

（5）电梯在每一层都有一个行程开关，当电梯碰到某层的行程开关时，表示电梯已经到达该层。

（6）当按下某个呼叫按钮后，相应的呼叫指示灯亮并保持，直到电梯响应该呼叫。

（7）当电梯运行到某层后，相应的楼层指示灯亮，直到电梯运行到其他层时，楼层指示灯才改变。

设计方案提示如下。

一台实际的电梯控制是很复杂的，涉及的内容很多，需要的输入/输出点数也很多，一般通过教学用的模型电梯来完成设计。前面所提的控制要求只是一般的要求，可根据模型电梯的具体功能增删控制要求。

项目 12
机械手 PLC 控制

12.1 项目要求

在生产线上，经常使用机械手完成工件的搬运工作，图 12-1 为机械手工作过程示意图，工作任务是将传送带 A 送来的工件搬运到传送带 B 上。

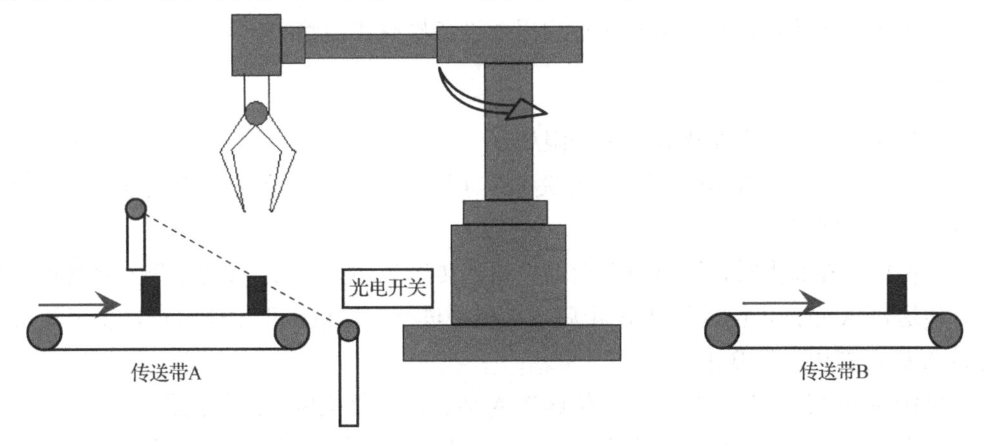

图 12-1 机械手工作过程示意图

1. 机械手的 3 种运行方式

（1）机械手的自动运行。

当机械手在原点时，按下启动按钮，传送带 A 启动运行；当光电开关 PS 检测到工件时，传送带 A 停止运行；自动启动机械手下降，当碰到下降极限开关时，机械手停止下降，同时接通夹紧/放松电磁阀线圈。

当夹紧到位时，压力继电器接点闭合，接通上升电磁阀线圈。

当上升到位时，碰到上升极限开关，机械手停止上升，同时接通右旋转电磁阀线圈。

当右旋转到位时，碰到右旋转极限开关，停止右旋转，同时接通下降电磁阀线圈，机械手下降，当碰到下降极限开关时，停止下降，同时断开夹紧/放松电磁阀线圈，机械手开始放松工件，放松时间为 5s。

5s 后自动启动机械手上升，上升到位，碰到上升极限开关，机械手停止上升，同时接通左旋转电磁阀线圈。

左旋转到位，碰到左旋转极限开关，停止左旋转，回到原点，再次自动启动传送带 A，当光电开关 PS 检测到工件后，又开始重复上述动作。机械手工作流程如下：

原点→下降→夹紧→上升→右旋转
↑　　　　　　　　　　　↓
左旋转← 上升 ← 放松← 下降

（2）机械手的单周期运行。

机械手的单周期运行是指按下单周期启动按钮后，机械手从原点开始下降，完成上述一个机械手工作流程后停止运行。若要求机械手继续工作，则需要再次按下单周期启动按钮。

（3）机械手的手动运行。

机械手的手动运行是指机械手的上升、下降、左旋转、右旋转、夹紧/放松操作都通过对应的手动操作按钮来控制，与操作顺序无关。

机械手的单周期运行与手动运行均用于设备检修和调整。

2. 控制要求

机械手原点位置在左极限与上极限处。

在传送带 A 的端部安装了光电开关 PS，用以检测工件的到来。当光电开关检测到工件时为 ON 状态。

当机械手在原点时，按下自动启动按钮，传送带 A 启动；当光电开关检测到工件时，传送带 A 停止。传送带 A 停止后，机械手进行一次机械手工作流程，将工件从传送带 A 搬运到传送带 B 上。

机械手返回原点后，自动启动传送带 A 运行，重复机械手工作流程。

按下正常停止按钮后，必须等到当前机械手工作流程完成后，机械手返回原点，才停止工作。

机械手上升/下降和左旋转/右旋转的执行用双线圈两位电磁阀驱动液压装置来完成，每个线圈完成一个动作；夹紧/放松由单线圈两位电磁阀驱动液压装置来完成，线圈通电时执行夹紧工件动作，线圈断电时执行放松工件动作。

12.2 学习目标

1. 掌握机械手的工作原理，并能结合示意图叙述其工作流程。
2. 掌握移位指令的应用，并能用它编程。
3. 提高编程与调试能力，并能编写巩固练习的程序。

12.3　相关知识

12.3.1　传送指令

字节传送指令如表 12-1 所示。

表 12-1　字节传送指令

LAD 指令	参　数	数 据 类 型	说　明
MOV_B EN　ENO IN　OUT	EN	BOOL	允许输入
	ENO	BOOL	允许输出
	IN	IB，QB，VB，MB，SMB，SB，LB，AC，*VD，*LD，*AC，Constant	源数据（常数或存储单元）
	OUT	IB，QB，VB，MB，SMB，SB，LB，AC，*VD，*LD，*AC	新存储单元

字传送指令如表 12-2 所示。

表 12-2　字传送指令

LAD 指令	参　数	数 据 类 型	说　明
MOV_W EN　ENO IN　OUT	EN	BOOL	允许输入
	ENO	BOOL	允许输出
	IN	IW，QW，VW，MW，SMW，SW，T，C，LW，AC，AIW，*VD，*AC，*LD，Constant	源数据（常数或存储单元）
	OUT	IW，QW，VW，MW，SMW，SW，T，C，LW，AC，AQW，*VD，*LD，*AC	新存储单元

双字传送指令如表 12-3 所示。

表 12-3　双字传送指令

LAD 指令	参　数	数 据 类 型	说　明
MOV_DW EN　ENO IN　OUT	EN	BOOL	允许输入
	ENO	BOOL	允许输出
	IN	ID，QD，VD，MD，SMD，SD，LD，HC，&VB，&IB，&QB，&MB，&SB，&T，&C，&SMB，&AIW，&AQW，AC，*VD，*LD，*AC，Constant	源数据（常数或存储单元）
	OUT	ID，QD，VD，MD，SMD，SD，LD，AC，*VD，*LD，*AC	新存储单元

实数传送指令如表 12-4 所示。

表 12-4　实数传送指令

LAD 指令	参　数	数 据 类 型	说　明
MOV_R EN　ENO IN　OUT	EN	BOOL	允许输入
	ENO	BOOL	允许输出
	IN	ID，QD，VD，MD，SMD，SD，LD，AC，*VD，*LD，*AC，Constant	源数据（常数或存储单元）
	OUT	ID，QD，VD，MD，SMD，SD，LD，AC，*VD，*LD，*AC	新存储单元

12.3.2　移位指令

例 1．左移 4 位和右移 4 位的过程。

一个数左移 4 位的过程如图 12-2 所示，向左移 4 位后，空出的位补 0，左移出 4 位丢失。

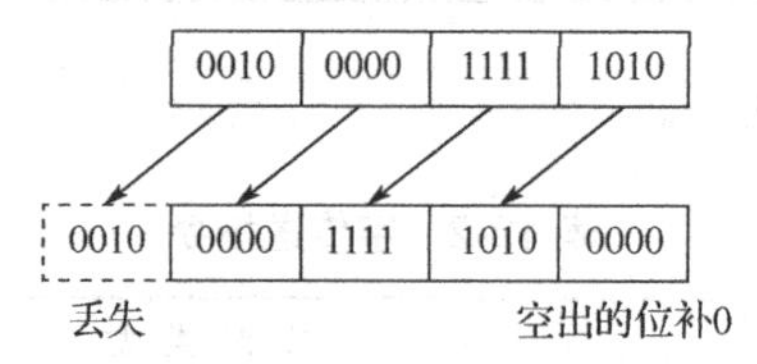

图 12-2　一个数左移 4 位的过程

一个无符号数右移 4 位的过程如图 12-3 所示，向右移 4 位后，空出的位补 0，右移出 4 位丢失。

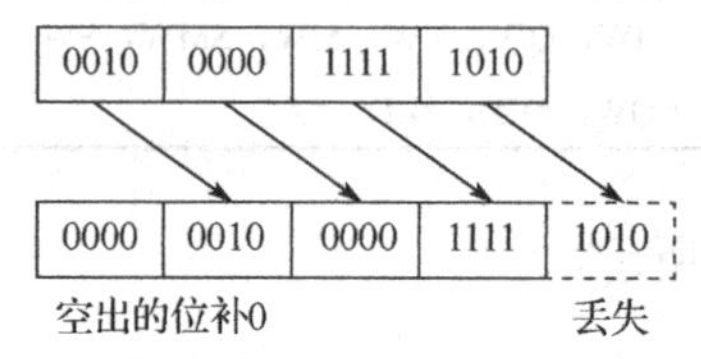

图 12-3　一个无符号数右移 4 位的过程

移位指令如表 12-5 所示。

表 12-5　移位指令

名　称	LAD 指令	参　数	数 据 类 型	功 能 说 明
左移字节	SHL_B EN　ENO ????-IN　OUT-???? ????-N	EN	BOOL	当 EN 为“1”时，将 IN 中的数向左移动 *N* 位，送给 OUT。向左移后，空出的位补 0，左移出位丢失
		ENO	BOOL	
		IN	BYTE	
		N	BYTE	
		OUT	BYTE	

续表

名　称	LAD 指令	参　数	数 据 类 型	功 能 说 明
左移字	SHL_W EN ENO ????-IN OUT-???? ????-N	EN	BOOL	当 EN 为“1”时，将 IN 中的数向左移动 *N* 位，送给 OUT。向左移后，空出的位补 0，左移出位丢失
		ENO	BOOL	
		IN	WORD	
		N	BYTE	
		OUT	WORD	
左移双字	SHL_DW EN ENO ????-IN OUT-???? ????-N	EN	BOOL	当 EN 为“1”时，将 IN 中的数向左移动 *N* 位，送给 OUT。向左移后，空出的位补 0，左移出位丢失
		ENO	BOOL	
		IN	DWORD	
		N	BYTE	
		OUT	DWORD	
右移字节	SHR_B EN ENO ????-IN OUT-???? ????-N	EN	BOOL	当 EN 为“1”时，将 IN 中的数向右移动 *N* 位，送给 OUT。向右移后，空出的位补 0，右移出位丢失
		ENO	BOOL	
		IN	BYTE	
		N	BYTE	
		OUT	BYTE	
右移字	SHR_W EN ENO ????-IN OUT-???? ????-N	EN	BOOL	当 EN 为“1”时，将 IN 中的数向右移动 *N* 位，送给 OUT。向右移后，空出的位补 0，右移出位丢失
		ENO	BOOL	
		IN	WORD	
		N	BYTE	
		OUT	WORD	
右移双字	SHR_DW EN ENO ????-IN OUT-???? ????-N	EN	BOOL	当 EN 为“1”时，将 IN 中的数向右移动 *N* 位，送给 OUT。向右移后，空出的位补 0，右移出位丢失
		ENO	BOOL	
		IN	DWORD	
		N	BYTE	
		OUT	DWORD	

移位指令参数如表 12-6 所示。

表 12-6　移位指令参数

输入/输出	数 据 类 型	操 作 数
IN	BYTE	IB，QB，VB，MB，SMB，SB，LB，AC，*VD，*LD，*AC，常数
	WORD	IW，QW，VW，MW，SMW，SW，T，C，LW，AC，AIW，*VD，*LD，*AC，常数
	DWORD	ID，QD，VD，MD，SMD，SD，LD，AC，HC，*VD，*LD，*AC，常数
OUT	BYTE	IB，QB，VB，MB，SMB，SB，LB，AC，*VD，*LD，*AC
	WORD	IW，QW，VW，MW，SMW，SW，T，C，LW，AC，*VD，*LD，*AC
	DWORD	ID，QD，VD，MD，SMD，SD，LD，AC，*VD，*LD，*AC
N	BYTE	IB，QB，VB，MB，SMB，SB，LB，AC，*VD，*LD，*AC，常数

移位指令是 EN 端接通时执行的，由于 PLC 采用循环扫描的工作方式，所以按钮按下一次，可能循环扫描很多次，移位指令已被执行很多次了，每执行一次，MW10 中的内容左移 1 位，这样，MW10 中的内容很快变为全 0 状态。如果让按钮按下一次，移位指令执行一次，则可以采取在 I0.0 常开触点后加正跳沿检测指令来实现，如图 12-4 所示。

讲解移位指令

无符号数左移
I0.0
P
SHL_W
EN ENO
MW10-IN OUT-MW10
1-N

图 12-4　移位指令

12.4　项目解决步骤

步骤 1．输入和输出信号器件分析。

输入信号器件：自动启动按钮 SB1，单周期启动按钮 SB2，手动选择开关 SA1，正常停止按钮 SB3，上升极限开关 SQ2，下降极限开关 SQ1，左旋转极限开关 SQ4，右旋转极限开关 SQ3，压力继电器 KA 接点，光电开关 PS，手动上升按钮 SB5，手动下降按钮 SB6，手动左旋转按钮 SB7，手动右旋转按钮 SB8，手动夹紧/放松开关 SA2，紧急停止按钮 SB10。

输出信号器件：传送带 A 接触器 KM 线圈，左旋转电磁阀 YV5 线圈，右旋转电磁阀 YV4 线圈，夹紧/放松电磁阀 YV2 线圈，上升电磁阀 YV3 线圈，下降电磁阀 YV1 线圈。

步骤 2．硬件组态。

硬件组态如图 12-5 所示。

系统块

	模块	版本	输入	输出	订货号
CPU	CPU SR40 (AC/DC/Relay)	V02.00.00_00.00.01.00	I0.0	Q0.0	6ES7 288-1SR40-0AA0

图 12-5　硬件组态

步骤 3．输入和输出信号器件地址分配。

输入和输出信号器件地址分配如表 12-7 和表 12-8 所示。

表 12-7　输入信号器件地址分配

序　　号	输入信号器件名称	编程元件地址	序　　号	输入信号器件名称	编程元件地址
1	自动启动按钮 SB1	I0.0	9	压力继电器 KA 接点	I1.0
2	单周期启动按钮 SB2	I0.1	10	光电开关 PS	I1.1
3	手动选择开关 SA1	I0.2	11	手动上升按钮 SB5	I1.2
4	正常停止按钮 SB3	I0.3	12	手动下降按钮 SB6	I1.3
5	上升极限开关 SQ2	I0.4	13	手动左旋转按钮 SB7	I1.4
6	下降极限开关 SQ1	I0.5	14	手动右旋转按钮 SB8	I1.5
7	左旋转极限开关 SQ4	I0.6	15	手动夹紧/放松开关 SA2	I1.6
8	右旋转极限开关 SQ3	I0.7	16	紧急停止按钮 SB10（常闭）	I1.7

表 12-8　输出信号器件地址分配

序　　号	输出信号器件名称	编程元件地址	序　　号	输出信号器件名称	编程元件地址
1	传送带 A 接触器 KM 线圈	Q0.0	4	夹紧/放松电磁阀 YV2 线圈	Q0.3
2	左旋转电磁阀 YV5 线圈	Q0.1	5	上升电磁阀 YV3 线圈	Q0.4
3	右旋转电磁阀 YV4 线圈	Q0.2	6	下降电磁阀 YV1 线圈	Q0.5

步骤 4．接线图。

机械手 PLC 控制接线图如图 12-6 所示。

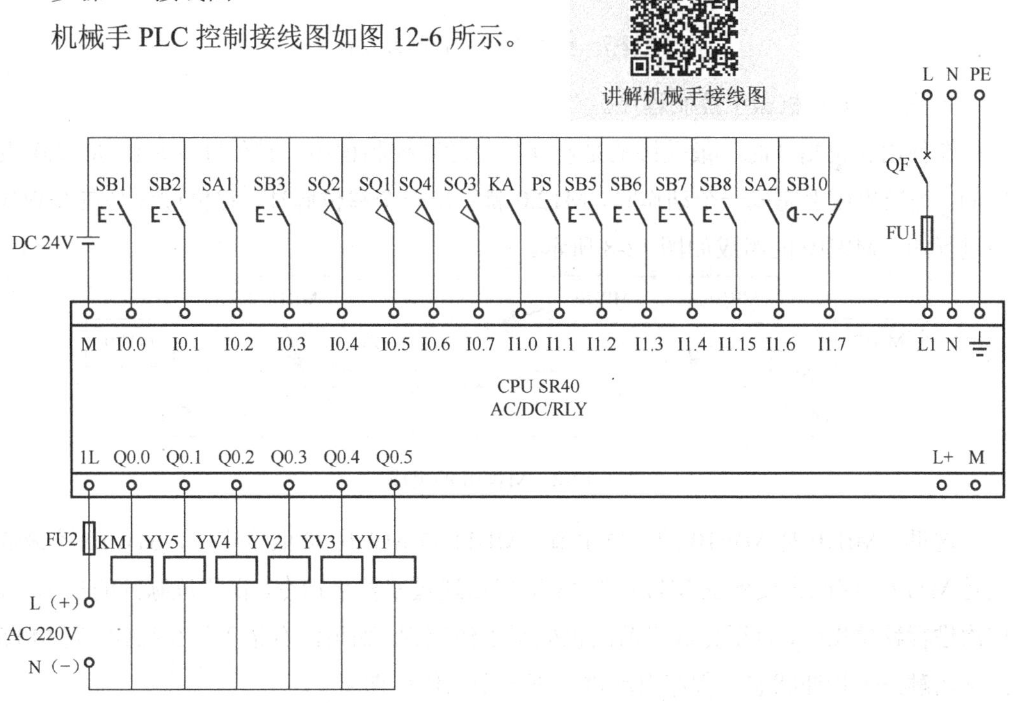

图 12-6　机械手 PLC 控制接线图

步骤 5．建立符号表。

机械手 PLC 控制符号表如图 12-7 所示。

符号表

	符号	地址
1	自动启动	I0.0
2	单周期启动	I0.1
3	手动选择开关	I0.2
4	正常停止按钮	I0.3
5	上升极限开关	I0.4
6	下降极限开关	I0.5
7	左转极限开关	I0.6
8	右转极限开关	I0.7
9	压力继电器接电	I1.0
10	光电开关	I1.1
11	手动上升	I1.2
12	手动下降	I1.3
13	手动左转	I1.4
14	手动右转	I1.5
15	手动加紧或放松	I1.6
16	急停按钮（常闭）	I1.7
25	传送带	Q0.0
26	左转电磁阀	Q0.1
27	右转电磁阀	Q0.2
28	夹紧或放松电磁阀	Q0.3
29	上升电磁阀	Q0.4
30	下降电磁阀	Q0.5

图 12-7　机械手 PLC 控制符号表

步骤 6．编写机械手控制程序。

在使用移位指令时，最关键的是设计移位脉冲控制程序，移位脉冲是由 M12.0 发出的，每当机械手完成一个动作时，M12.0 就发出一个移位脉冲，移位过程是在 MW10 中进行的。MW10 的组成如图 12-8 所示。

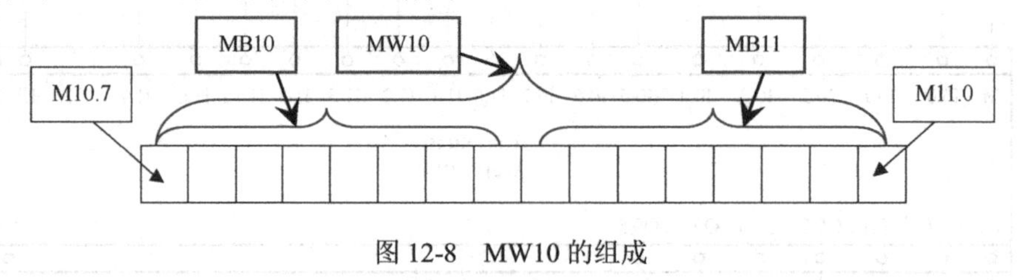

图 12-8　MW10 的组成

这里，MB10 是 MW10 的高位字节，MB11 是 MW10 的低位字节，MW10 的最低位是 M11.0，因此先要保证 M11.0 为“1”，然后通过左移字指令，在移位脉冲的控制下，依次进行移位操作，直至完成当前的机械手工作流程。如果没有按下停止按钮，则 M0.5 的常闭触点为接通状态，程序自动进入下一个工作周期。

当按下停止按钮或选择单周期运行时，在当前工作周期结束后，尽管 M10.0 为“1”，但是 M0.5 为“1”，常闭触点 M0.5 断开，传送带不能启动，机械手停止工作。在传送带运行信号的下降沿，将“1”送给 MW10 的最低位 M11.0。

用移位指令编写控制程序，如图 12-9 所示。

讲解机械手控制程序

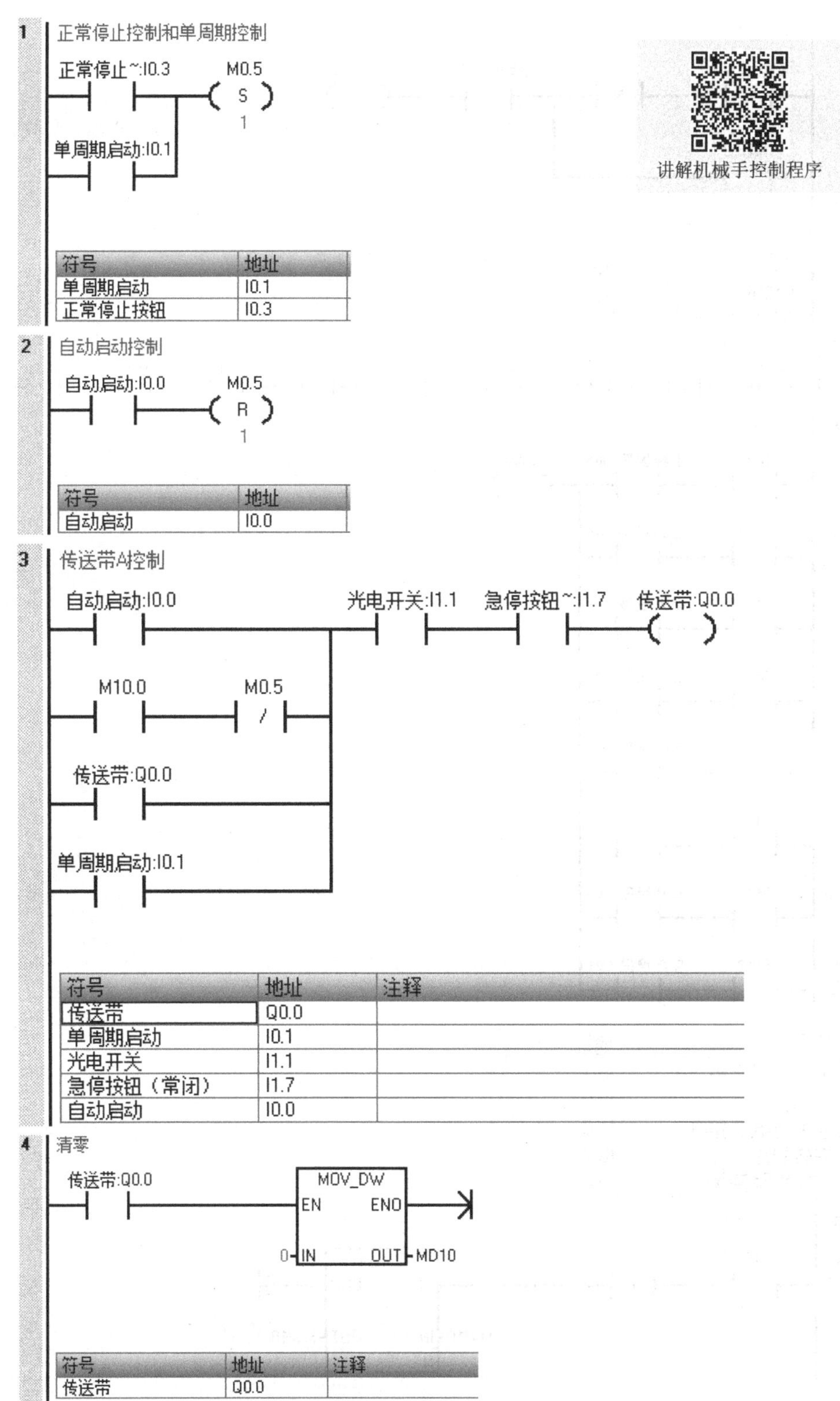

符号	地址
单周期启动	I0.1
正常停止按钮	I0.3

符号	地址
自动启动	I0.0

符号	地址	注释
传送带	Q0.0	
单周期启动	I0.1	
光电开关	I1.1	
急停按钮（常闭）	I1.7	
自动启动	I0.0	

符号	地址	注释
传送带	Q0.0	

图 12-9　用移位指令编写控制程序

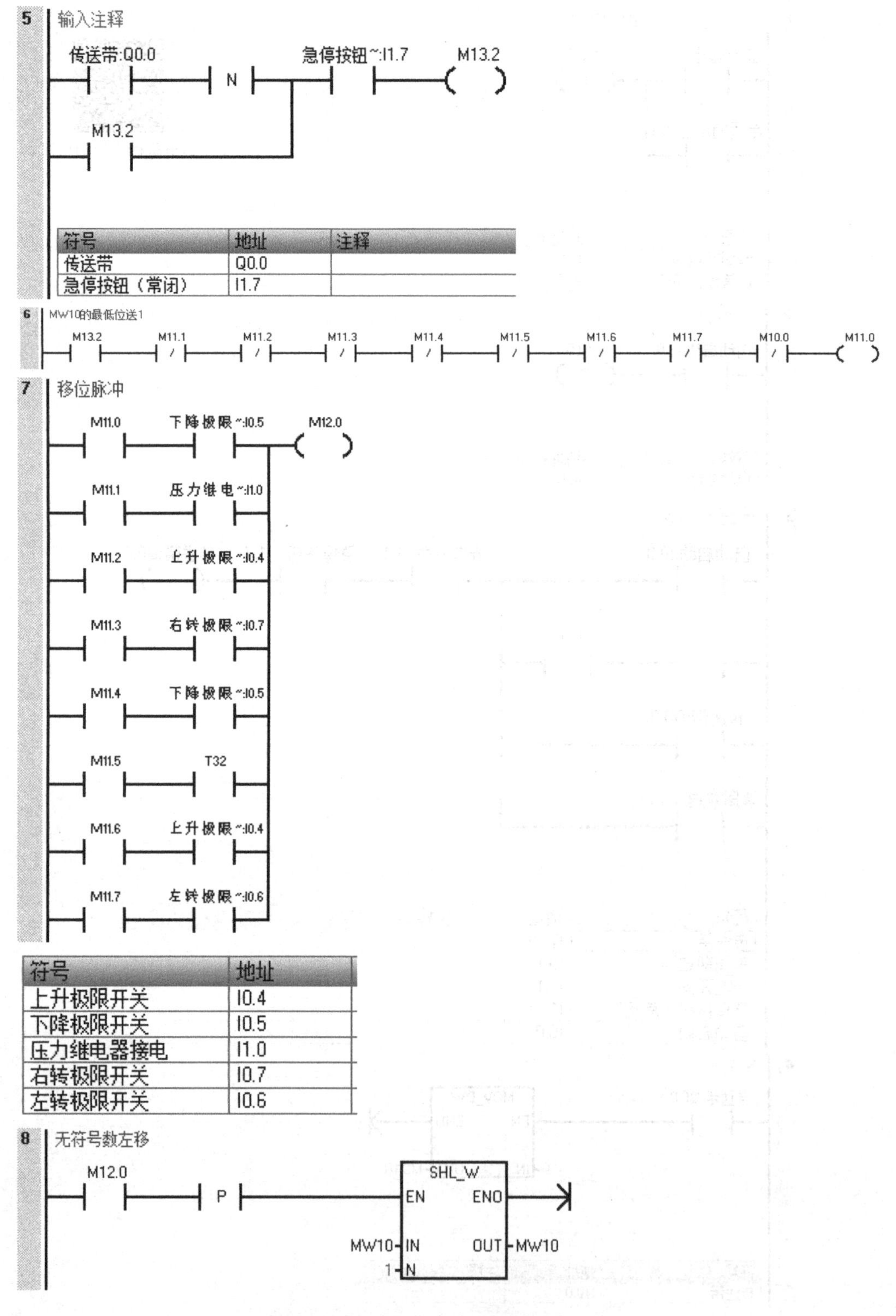

符号	地址	注释
传送带	Q0.0	
急停按钮（常闭）	I1.7	

符号	地址
上升极限开关	I0.4
下降极限开关	I0.5
压力继电器接电	I1.0
右转极限开关	I0.7
左转极限开关	I0.6

图 12-9　用移位指令编写控制程序（续）

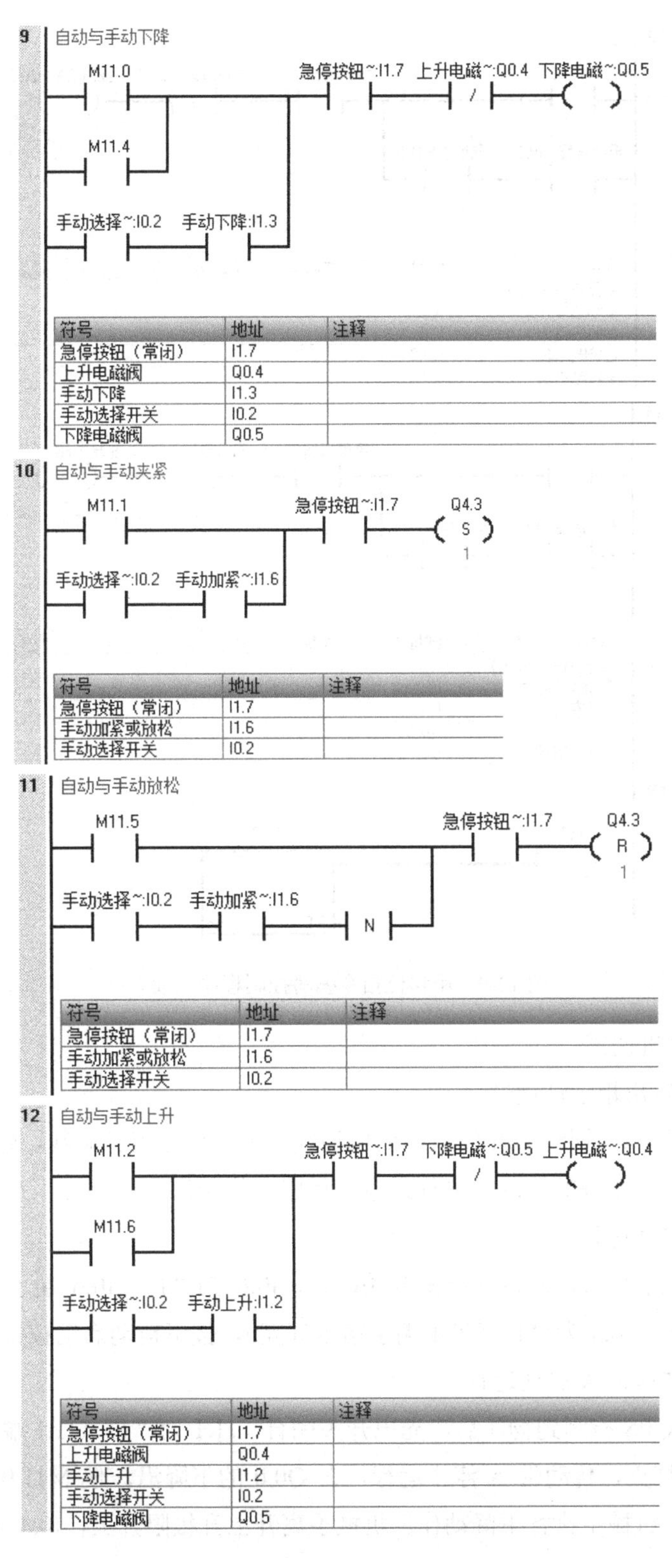

图 12-9　用移位指令编写控制程序（续）

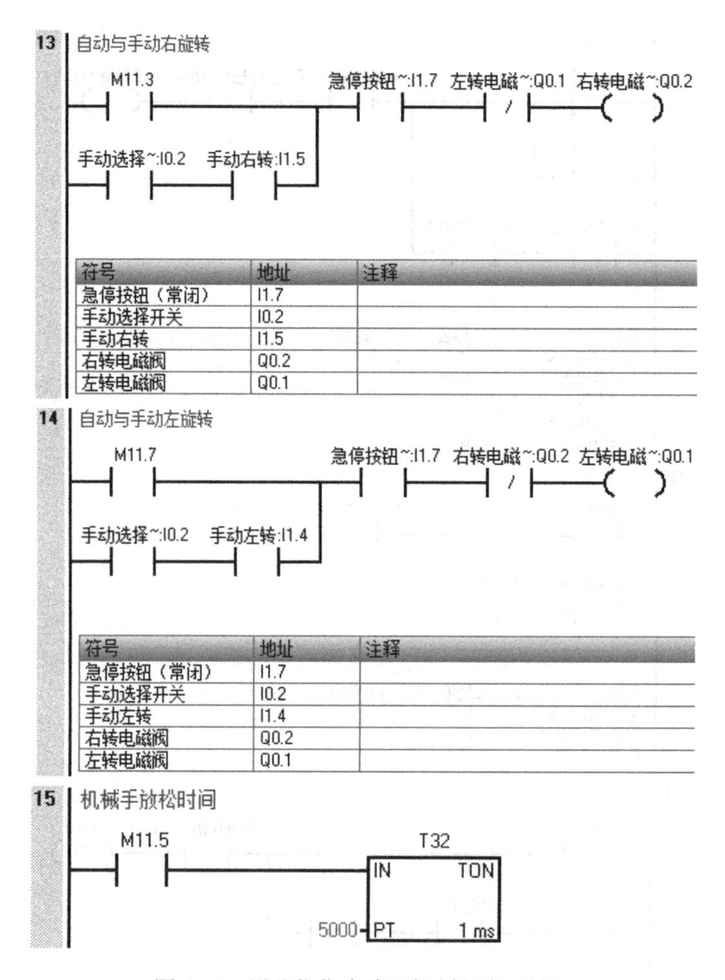

符号	地址	注释
急停按钮（常闭）	I1.7	
手动选择开关	I0.2	
手动右转	I1.5	
右转电磁阀	Q0.2	
左转电磁阀	Q0.1	

符号	地址	注释
急停按钮（常闭）	I1.7	
手动选择开关	I0.2	
手动左转	I1.4	
右转电磁阀	Q0.2	
左转电磁阀	Q0.1	

图 12-9 用移位指令编写控制程序（续）

步骤 7. 联机调试。

- 用 PLC 输出指示灯调试。

在断电情况下，连接给 PLC 供电的电源线，输入信号器件接线，输出器件暂时不接线，确保在接线正确的情况下进行送电、程序下载操作。

（1）调试自动运行。

机械手在原点位置，左旋转极限开关闭合，I0.6 为“1”（I0.6 端子指示灯亮）；上升极限开关闭合，I0.4 为“1”（I0.4 端子指示灯亮），按下自动启动按钮，Q0.0 端子指示灯亮，表示传送带 A 启动运行。

当光电开关 PS 检测到物品后，光电开关闭合，I1.1 为“1”（I1.1 端子指示灯亮），Q0.0 端子指示灯灭，传动带 A 停止运行，在 Q0.0 的下降沿，使 M11.0 为“1”，Q0.5 端子指示灯亮，机械手执行下降动作。机械手离开上升极限开关，I0.4 为“0”。

当机械手下降到位时，下降极限开关闭合，I0.5 为“1”（I0.5 端子指示灯亮），发

出移位脉冲，使 M11.1 为“1”，M11.0 为“0”，机械手停止下降，Q0.3 被置位，Q0.3 指示灯亮，执行夹紧动作。

当机械手夹紧到位时，压力继电器常开触点闭合，I1.0 为“1”(I1.0 端子指示灯亮)，又发出一个移位脉冲，使 M11.2 为“1”，M11.1 为“0”，此时 Q0.4 端子指示灯亮，机械手夹着工件上升，即离开下降极限开关，I0.5 为“0”。

当机械手上升到位时，碰到上升极限开关，上升极限开关闭合，I0.4 为“1”（I0.4 端子指示灯亮），又发出一个移位脉冲，M11.3 为“1”，M11.2 为“0”，Q0.4 端子指示灯灭，机械手停止上升。此时 Q0.2 端子指示灯亮，机械手向右旋转，即机械手离开左旋转极限开关，I0.6 为“0”。

当机械手右旋转到位时，右旋转极限开关闭合，I0.7 为“1”（I0.7 端子指示灯亮），又发出一个移位脉冲，M11.4 为“1”，M11.3 为“0”，机械手停止右旋转。此时 Q0.5 端子指示灯灭，机械手停止下降，即离开上升极限开关，I0.4 为“0”。

当机械手下降到位时，下降极限开关闭合，I0.5 为“1”（I0.5 端子指示灯亮），又发出一个移位脉冲，M11.5 为“1”，M11.4 为“0”，Q0.3 指示灯灭，此时 Q0.3 被复位，机械手执行放松工件操作，压力继电器接点 I1.0 为“0”。

T1 定时 5s 后，机械手放松到位，又发出一个移位脉冲，M11.6 为“1”，M11.5 为“0”，此时 Q0.4 端子指示灯亮，机械手执行上升动作，即离开下降极限开关，I0.5 为“0”。

当机械手上升到位时，上升极限开关闭合，I0.4 为“1”（I0.4 端子指示灯亮），又发出一个移位脉冲，M11.7 为“1”，M11.6 为“0”，机械手停止上升。此时 Q0.4 端子指示灯灭，而 Q0.1 端子指示灯亮，机械手执行左旋转动作，即离开右旋转极限开关，I0.7 为“0”。

当机械手左旋转到位时，左旋转极限开关闭合，I0.6 为“1”（I0.6 端子指示灯亮），又发出一个移位脉冲，M10.0 为“1”，M11.7 为“0”，Q0.1 端子指示灯灭，机械手停止左旋转。此时机械手回到原点，只要在此之前没有按下停止按钮，M10.0 就再次使 Q0.0 为“1”，Q0.0 端子指示灯亮，传送带自动启动运行，等待光电开关 PS 检测到工件的到来。Q0.0 为“1”后，清零 MD10，同时准备开始下一个机械手工作流程。

按下正常停止按钮，机械手完成当前机械手工作流程后停止运行。

（2）调试单周期运行。

按下单周期启动按钮，机械手从原点开始下降，完成上述一个机械手工作流程后停止运行。若要求机械手继续工作，则要再次按下单周期启动按钮。

（3）调试手动运行。

首先按下手动选择开关，然后按下手动上升、下降、左旋转、右旋转按钮，机械手完成相应的动作。按下并接通手动夹紧/放松开关，机械手完成夹紧动作；再按下并断开手动夹紧/放松开关，机械手完成放松动作。

若满足要求，则调试成功；如果不能满足要求，则检查原因，修改程序，重新调试，直到满足要求。

- 连接输出器件调试。

在断电情况下，完成接触器线圈接线和接触器线圈电源接线、主电路接线、电磁阀接线等。确保在接线正确的情况下送电。

（1）调试自动运行。

当机械手在原点时，按下启动按钮，传送带 A 启动运行。当光电开关 PS 检测到工件后，传送带 A 停止运行，自动启动机械手下降，碰到下降极限开关，机械手停止下降，同时机械手开始夹紧工件。

当夹紧到位时，机械手开始上升。

当上升到位时，碰到上升极限开关，机械手停止上升，开始右旋转。

当右旋转到位时，碰到右旋转极限开关，停止右旋转，机械手下降，碰到下降极限开关，停止下降，机械手开始放松工件，放松时间为 5s。

5s 后机械手自动启动上升，上升到位，碰到上升极限开关，机械手停止上升，开始左旋转。

左旋转到位，碰到左旋转极限开关，停止左旋转，回到原点，再次自动启动传送带 A，当光电开关 PS 检测到工件后，又开始重复上述动作。

按下正常停止按钮，完成当前机械手工作流程后，系统停止运行。

（2）调试单周期运行。

按下单周期启动按钮后，机械手从原点开始下降，完成一个机械手工作流程后停止运行。

（3）调试手动运行。

首先按下手动选择开关，然后按下手动上升、下降、左旋转、右旋转按钮，机械手完成相应的动作。按下并接通手动夹紧/放松开关，机械手完成夹紧动作；再按下并断开手动夹紧/放松开关，机械手完成放松动作。

如果满足上述动作过程，则联机调试成功；如果不能满足上述动作过程，则检查原因，纠正错误，重新调试，直到满足项目要求。

巩固练习十二

1．工业铲车控制。

用 PLC 对工业铲车操作进行控制，铲车可将货物铲起或放下，并能做前进、后退、左转、右转动作，要求动作过程如下：铲起→向前 0.5m→左转 90° 后向前 0.5m→右转

90° 后向前 0.5m→右转 90° 后后退 0.5m→放下。

控制要求：铲车的铲起/放下、前进/后退、左转/右转均由电动机控制，分别通过相应的开关操作。铲起由压力传感器检测，放下由时间控制（2s），前进/后退、左转/右转的到位信号均由行程开关检测。每台电动机都具有过载保护机制。

要求：

（1）输入/输出信号器件分析。

（2）硬件组态。

（3）输入/输出地址分配。

（4）画出外部输入/输出接线图。

（5）建立符号表。

（6）编写控制程序。

（7）调试控制程序。

2．彩灯循环 PLC 控制。

现有 8 盏彩灯，用两个按钮控制，1 个作为位移按钮，1 个作为复位按钮，实现 8 盏彩灯单方向顺序逐个亮或灭，当按下位移按钮时，彩灯从第一个开始向后依次逐个亮；当松开按钮时，彩灯从第一个开始向后依次逐个灭。间隔时间为 0.5s，当按下复位按钮时，灯全灭。

要求：

（1）输入/输出信号器件分析。

（2）硬件组态。

（3）输入/输出地址分配。

（4）画出外部输入/输出接线图。

（5）建立符号表。

（6）编写控制程序。

（7）调试控制程序。

3．4 台水泵轮流运行 PLC 控制。

现有由 4 台三相异步电动机 M1～M4 驱动的 4 台水泵，正常要求为 2 台运行 2 台备用。为防止备用水泵长时间不用而发生锈蚀等问题，要求 4 台水泵中的 2 台运行，并间隔 6h 切换 1 台，使 4 台水泵轮流运行。

要求：

（1）输入/输出信号器件分析。

（2）硬件组态。

（3）输入/输出地址分配。

（4）画出外部输入/输出接线图。

（5）建立符号表。

（6）编写控制程序。

（7）调试控制程序。

4．病床呼叫器的 PLC 控制。

在很多医院住院病房里，病房的每张床与护士站都需要随时进行联系，通过呼叫器可实现远距离呼叫，以便患者在急需时向医护人员发出求助信号。

某住院病房有 8 个房间，每个房间有 4 张病床，病床编号由房间号和床号组成，分别为 011、012、013、014，021、022、023、024，…，081、082、083、084。每一病床床头均有紧急呼叫按钮，与病床的编号相同，分别为 SB011、SB012、SB013、SB014，…，SB081、SB082、SB083、SB084，用于患者不适时紧急呼叫；护士站安装有蜂鸣器 HA 和呼叫指示灯，每个呼叫指示灯对应一个病床紧急呼叫按钮，其编号为 HL011、HL012、HL013、HL014，…，HL081、HL082、HL083、HL084。病床呼叫器的 PLC 控制如图 12-10 所示。

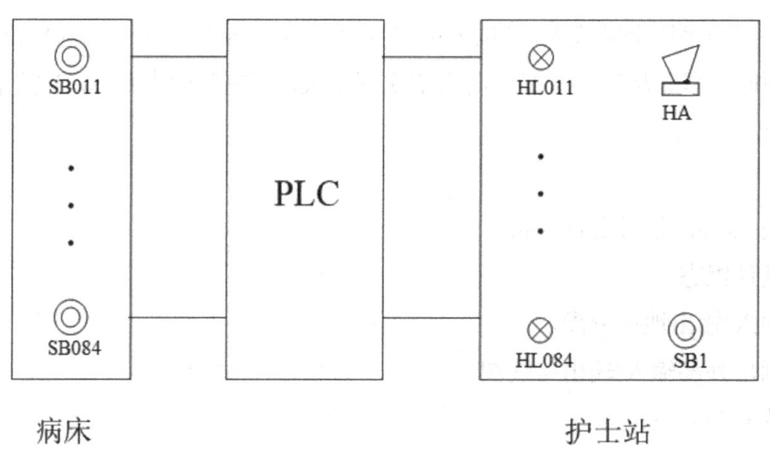

图 12-10　病床呼叫器的 PLC 控制

控制任务如下。

（1）当某个病床发出救助信号（按下紧急呼叫按钮）后，护士站的蜂鸣器发出短促音，与呼叫信号对应的指示灯闪烁（闪烁频率自定）。

（2）当医护人员听到呼叫后，可按下呼叫相应按钮 SB1，蜂鸣器停止工作，呼叫指示灯在 20s 后停止显示。

（3）如果同时或在一段时间内有多个呼叫信号，护士站的蜂鸣器仍发出短促音，与这些呼叫信号对应的那些指示灯均闪烁，则医护人员按下相应呼叫按钮后，蜂鸣器停止工作，呼叫指示灯在 20s 后停止显示。

要求：

（1）输入/输出信号器件分析。

（2）硬件组态。

（3）输入/输出地址分配。

（4）画出外部输入/输出接线图。

（5）建立符号表。

（6）编写控制程序。

（7）调试控制程序。

5．自动售货机的 PLC 控制。

一台用于销售矿泉水和汽水的自动售货机具有硬币识别、币值累加、自动售货、自动找零等功能，此售货机可接收的硬币为 0.1 元、0.5 元、1 元。矿泉水的售价为 1.2 元，汽水的售价为 1.5 元。自动售货机示意图如图 12-11 所示。

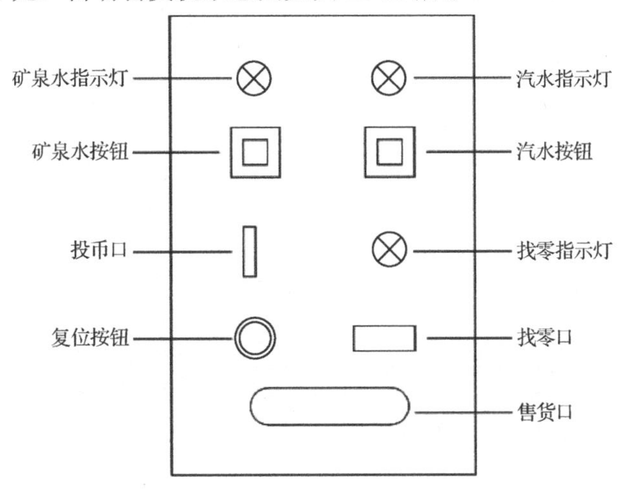

图 12-11　自动售货机示意图

控制任务如下。

（1）当投入的硬币总值等于或超过 1.2 元时，矿泉水指示灯亮；当投入的硬币总值等于或超过 1.5 元时，矿泉水和汽水指示灯都亮。

（2）当矿泉水指示灯亮时，按下矿泉水按钮，矿泉水从售货口自动售出，矿泉水指示灯闪烁（闪烁频率为 1Hz），8s 后自动停止。

（3）当汽水指示灯亮时，按下汽水按钮，汽水从售货口自动售出，汽水指示灯闪烁（闪烁频率为 1Hz），8s 后自动停止。

（4）当按下矿泉水按钮或汽水按钮后，如果投入的硬币总值超过所需的钱数，则找零指示灯亮，售货机自动退回多余的钱，8s 后自动停止。

（5）如果售货口发生故障，或者顾客投入硬币后又不想买了（未按下矿泉水按钮或汽水按钮），则可按下复位按钮，售货机可如数退还顾客已投入的硬币。

（6）售货机具有销售数量和销售金额的累加功能。

要求：

（1）输入/输出信号器件分析。

（2）硬件组态。

（3）输入/输出地址分配。

（4）画出外部输入/输出接线图。

（5）建立符号表。

（6）编写控制程序。

（7）调试控制程序。

项目 13

两台 S7-200 SMART PLC 以太网通信

13.1 项目要求

讲解两台 PLC 以太网通信项目要求

对于由两台 S7-200 SMART PLC 组成的以太网通信，主站 IP 地址为 192.168.0.5，从站 IP 地址为 192.168.0.6，实现以下要求。

（1）在主站按下点动按钮 SB，从站指示灯 HL 亮；松开点动按钮 SB，从站指示灯 HL 灭。

（2）在从站按下点动按钮 SB，主站指示灯 HL 亮；松开点动按钮 SB，主站指示灯 HL 灭。

13.2 学习目标

1．掌握两台 S7-200 SMART PLC 以太网通信的硬件与软件配置。
2．掌握两台 S7-200 SMART PLC 以太网通信的硬件连接。
3．掌握两台 S7-200 SMART PLC 以太网通信的通信区设置。
4．掌握两台 S7-200 SMART PLC 以太网通信的 GET/PUT 向导设置。
5．掌握两台 S7-200 SMART PLC 以太网通信的编程及调试。

13.3 相关知识

13.3.1 通信基本知识

1．并行通信与串行通信

并行通信是指所传送数据的各位同时被传送，特点是数据传送速度快，有多少个数据位就有多少条数据传输线，每位单独使用一条数据传输线，通常是 8 位、16 位和 32 位同时传输。图 13-1 所示的是 8 位传输。因此，并行通信适用于近距离、高数据传输速度的通信；但成本高，维修不方便，容易受到外界干扰。

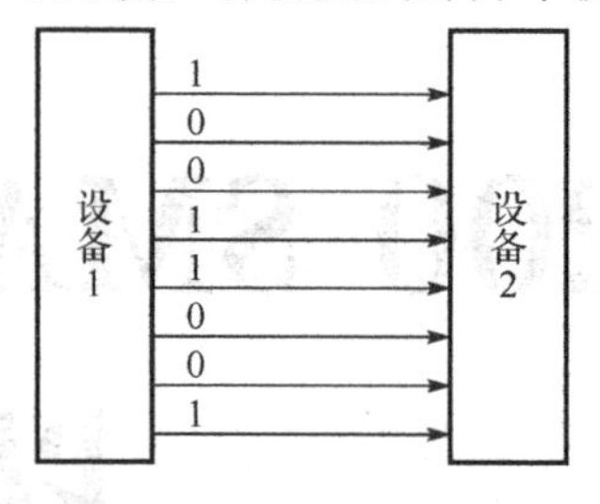

图 13-1　8 位传输

串行通信是指所传数据一位一位地顺序传送，数据有多少位就传送多少次。在 PLC 与计算机之间、PLC 之间经常采用这种方式。串行通信的特点是通信线路简单，成本低；但传输速度比并行通信的传输速度慢，特别适合远距离传送。近年来，串行通信的传输速度提高得很快，可达到 Mbit/s 数量级。在进行串行通信时，只需一条或两条数据传输线，数据的不同位分时使用同一条数据传输线，如图 13-2 所示。

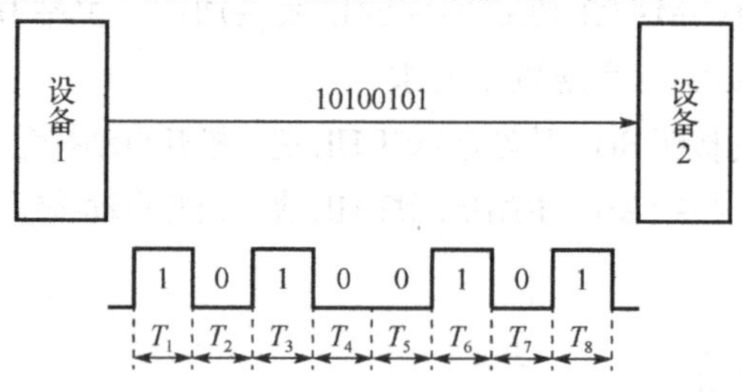

图 13-2　串行通信

2．异步传输与同步传输

串行通信按时钟可分为异步传输与同步传输。

（1）异步传输：在发送字符时，先发送起始位，其次发送数据位，然后加入奇偶校验位，最后发送停止位，相邻两个字符传送数据之间的停顿时间的长短是不确定的。异步传输是靠在发送信息的同时发出字符的开始和结束标志信号来实现的，如图 13-3 所示。异步传输具有硬件简单、成本低、传输效率低的特点，主要用于中、低速通信。

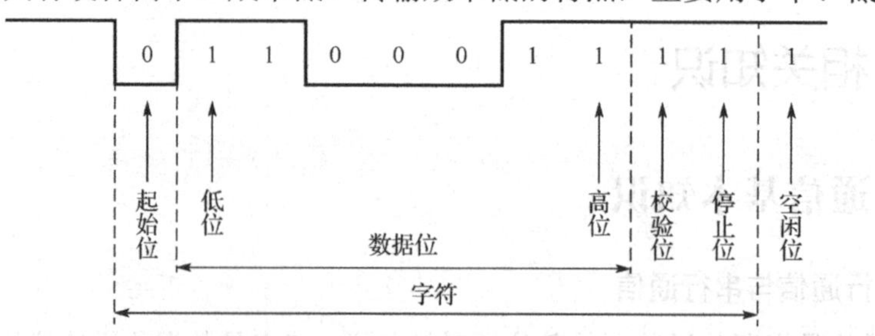

图 13-3　异步传输数据格式

（2）同步传输：以数据块为单位，字符与字符之间、字符内部的位与位之间都同步，每次传送 1～2 个同步字符、若干数据字节和校验字符，同步字符起联络作用，用于通知接收方开始接收数据。在同步通信中，发送方与接收方要保持完全同步，即发送方和接收方应使用同一时钟频率。由于同步通信不需要在每个字符中加起始位、校验位和停止位，只需在数据块之前加一两个同步字符，所以传输效率高，但对硬件要求也提高了，主要用于高速通信。

3. 单工、半双工及全双工通信

按照信号传输方向与时间的关系，可将通信方式分为单工通信（单向通信）、半双工通信（双向交替通信）和全双工通信（双向同时通信）。

（1）单工通信。

单工通信的信道是单向信道，信号只能向一个方向传输，不能进行数据交换，如图 13-4 所示，发送端和接收端是固定的，如音箱和无线电广播。

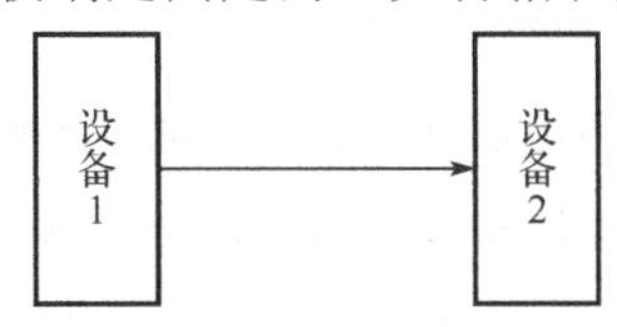

图 13-4　单工通信

（2）半双工通信。

在半双工通信的信道中，信号可以双向传输，但两个方向只能交替进行，不能同时进行，在同一时刻，一方只能发送数据或接收数据，如图 13-5 所示。半双工通信通常需要一对双绞线连接，与全双工通信相比，其通信线路成本低。例如，RS-485 只用一对双绞线时是半双工通信，对讲机也是半双工通信。

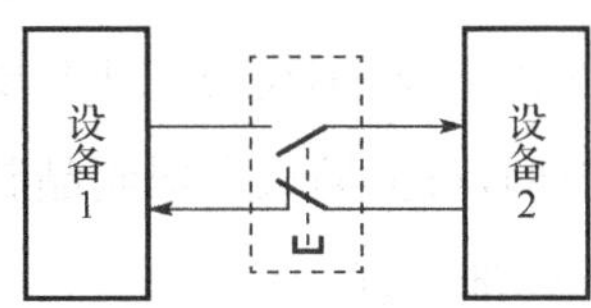

图 13-5　半双工通信

（3）全双工通信。

全双工通信信道可以同时进行双向数据传输，同一时刻既能发送数据又能接收数据，如图 13-6 所示。全双工通信通常需要两对双绞线连接，通信线路成本高。RS-422 采用的就是全双工通信方式。

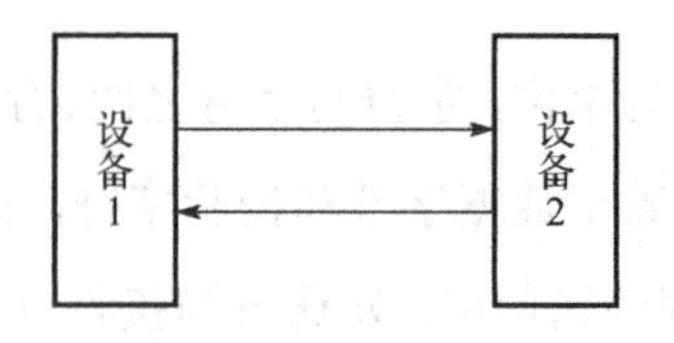

图 13-6　全双工通信

4．数据传输介质

数据传输介质是指通信双方传输信息的物理通道，通常分为无线传输介质和有线传输介质两大类。

无线传输介质指我们周围的自由空间。在自由空间利用电磁波发送和接收信号进行通信就是无线传输，根据频谱，可将在自由空间传输的电磁波分为无线电波、微波、红外线、激光等，信息被加载在电磁波上进行传输。

有线传输介质采用物理导体提供从一个设备到另一个设备的通信通道。常用的有线传输介质为双绞线、同轴电缆和光缆等。

（1）双绞线。

双绞线是目前最常用的一种传输介质，用金属导体来传输信号，每一对双绞线都由绞合在一起的相互绝缘的两根铜线组成。两根绝缘的铜线按一定密度互相绞合在一起，可降低干扰。把一对或多对双绞线放在一个绝缘套管中就形成了双绞线电缆，如果加上屏蔽层，就是屏蔽双绞线，抗干扰能力更强。双绞线成本低、安装简单，RS-485 多用双绞线电缆实现通信。

（2）同轴电缆。

同轴电缆的结构分为 4 层，内导体是一根铜线，铜线外面包裹着泡沫绝缘层，再外面是由金属或金属箔制成的导体层，最外面由一个塑料外套将电缆包裹起来。其中，铜线用来传输电磁信号；网状金属屏蔽层一方面可以屏蔽噪声，另一方面可以作为信号地；绝缘层通常由陶制品或塑料制品组成，将铜线与网状金属屏蔽层隔开；塑料外套可使电缆免遭物理性破坏，通常由柔韧性较好的防火塑料制品制成。这样的电缆结构既可以防止自身产生电干扰，又可以防止外部干扰。

同轴电缆的传输速度、传输距离、可支持的节点数、抗干扰性能都优于双绞线，成本也高于双绞线，但低于光缆。

（3）光缆。

光导纤维是目前网络介质中最先进的技术，用于以极快的速度传输巨大信息的场合。它是一种传输光束的细微而柔性的介质，简称光纤；在它的中心部分包括了一根或多根玻璃纤维，通过从激光器或发光二极管发出的光波穿过中心纤维来进行数据传输。

光导纤维电缆由多束纤维组成，简称光缆。它有几个特点：抗干扰性好；具有更宽的带宽和更高的传输速率，且传输能力强；衰减小，无中继时传输距离远；费用昂贵，对芯材纯度要求高。

13.3.2　工业以太网简介、通信介质、双绞线连接

1．工业以太网简介

所谓工业以太网，一般来讲就是指技术上与商用以太网兼容，但在产品设计时，在材质的选用、产品的强度、适用性，以及实时性、可互操作性、可靠性、抗干扰性和本质安全等方面满足工业现场需要的一种以太网。

随着以太网技术的发展，它有很高的市场占有率，促使工控领域的各大厂家纷纷研发出适合自己工控产品且兼容性强的工业以太网。其中应用最为广泛的工业以太网之一是德国西门子股份公司研发的工业以太网。它提供了开放的、适用于工业环境各种控制级别的通信系统。

西门子工业以太网基本类型：10Mbit/s 工业以太网和 100Mbit/s 快闪以太网。

2．西门子工业以太网通信介质

西门子工业以太网可以采用双绞线、光纤、无线方式进行通信。

4 芯双绞线如图 13-7 所示。

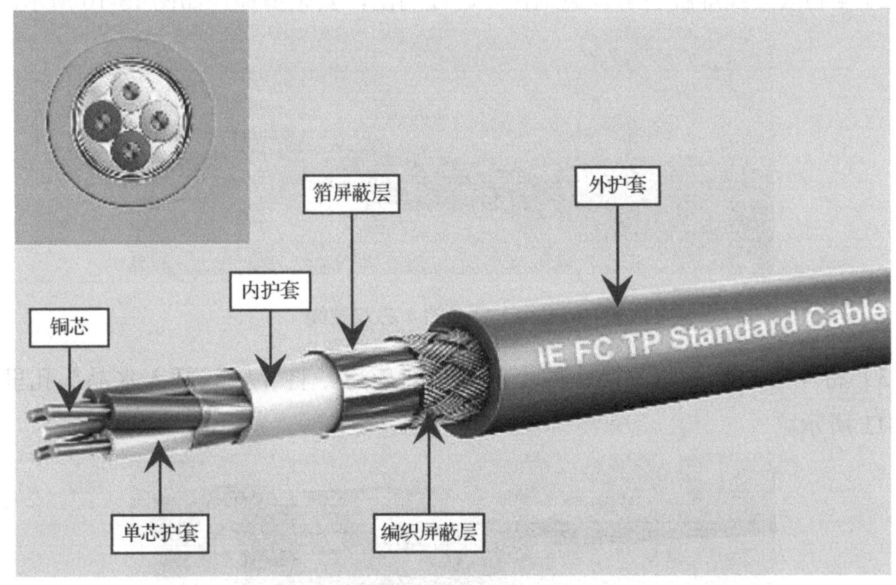

图 13-7　4 芯双绞线

3．4 芯双绞线与 RJ45 接头的连接过程

（1）在 RJ45 接头上量取 4 芯双绞线剥皮长度，大约 20mm，如图 13-8 所示。

图 13-8　量取 4 芯双绞线剥皮长度

RJ45 接头（西门子工业以太网金属水晶接头）的结构如图 13-9 所示。

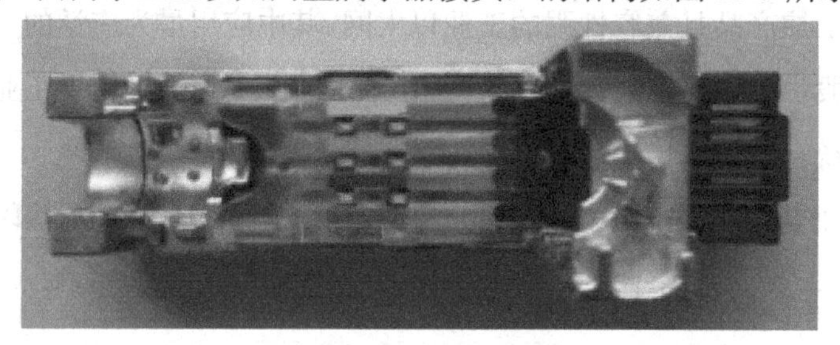

图 13-9　RJ45 接头的结构

（2）4 芯双绞线屏蔽层可以缠绕在 4 芯线周围，其余剪掉，如图 13-10 所示。

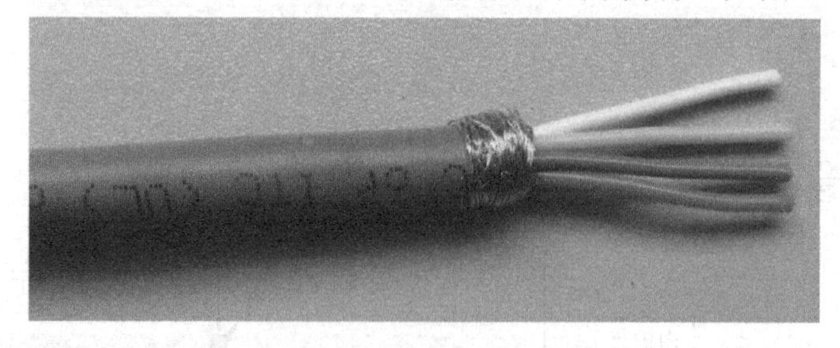

图 13-10　完成的 4 芯双绞线

（3）将 4 芯线颜色与水晶头孔上的颜色对应后，将 4 芯线插入水晶头孔里，如图 13-11 所示。

图 13-11　将 4 芯线插入水晶头孔里

（4）按下带有颜色标识的塑料盖，刀口会切破 4 芯线，内部刀会切破 4 芯线，与 4 芯线金属连接，屏蔽层压在正确金属位置，如图 13-12 所示。

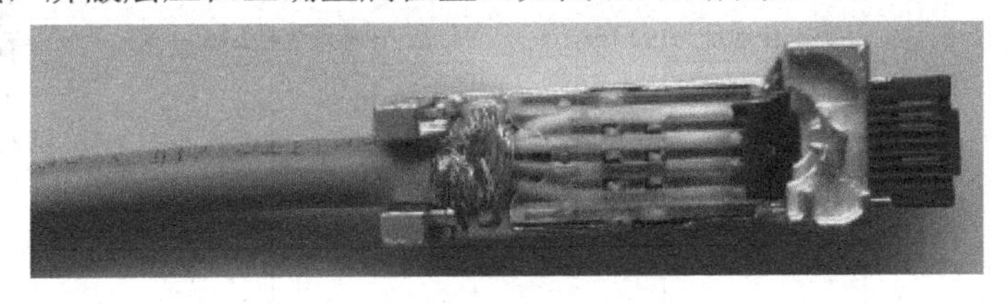

图 13-12　刀口切破 4 芯线并与屏蔽层压在正确金属位置

（5）盖上金属盖并旋紧，如图 13-13 所示。

图 13-13　盖上金属盖并旋紧

13.4　项目解决步骤

步骤 1．通信的硬件与软件配置。

硬件：

（1）S7-200 SMART CPU 2 台。

（2）用于组网的带金属水晶头的 4 芯双绞线 2 根。

（3）用于下载的带水晶头的 4 芯双绞线 1 根。

（4）安装 STEP7-Micro/WIN SMART 软件的计算机 1 台（也称编程器）。

（5）以太网工业交换机 1 台。

软件：编程软件 STEP7-Micro/WIN SMART。

步骤 2．通信的硬件连接。

讲解两台 PLC 以太网通信连接

在断电情况下，将 2 根带金属水晶头的 4 芯双绞线分别按照图 13-14 插到 PLC 网口和以太网交换机网口，将带水晶头的 4 芯双绞线的一端插到计算机网口，另一端插到交换机网口。

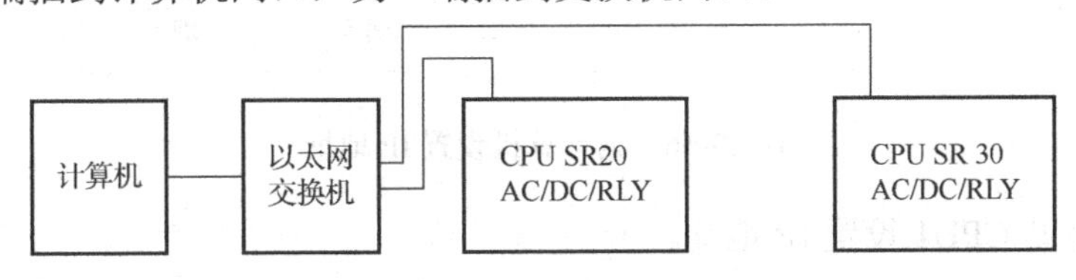

图 13-14　以太网通信的硬件连接

步骤 3．通信区设置。

根据项目要求进行以太网通信区的设置，如图 13-15 所示。

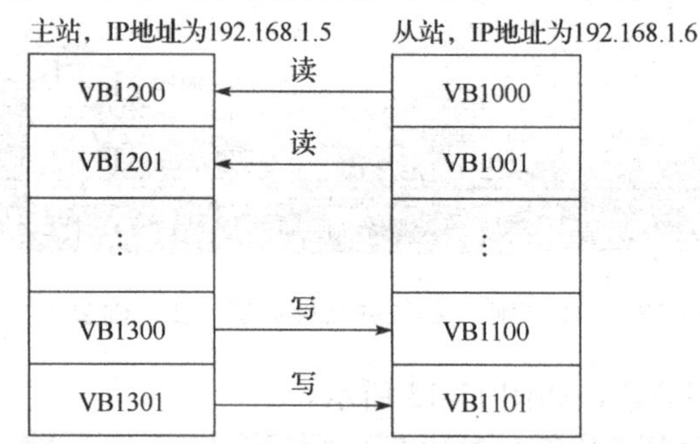

图 13-15　以太网通信区设置

步骤 4．设置 IP 地址。

（1）为计算机（编程器）设置 IP 地址（安装了 PLC 软件的计算机称为编程器）。

打开“Internet 协议版本 4（TCP/IPv4）属性”对话框，为计算机设置 IP 地址为 192.168.1.20，输入子网掩码 255.255.255.0，如图 13-16 所示，单击“确定”按钮。

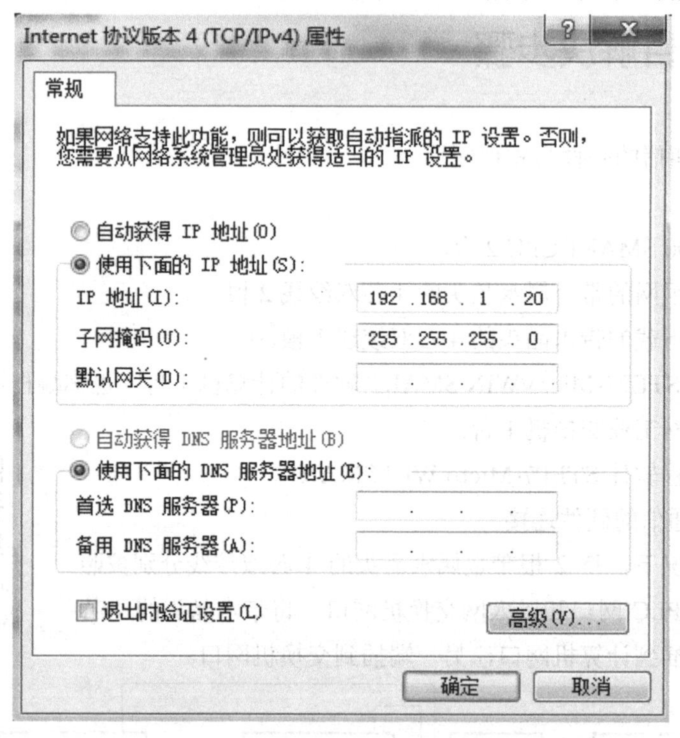

图 13-16　为计算机设置 IP 地址

（2）为主站 CPU1 设置 IP 地址。

打开编程软件 STEP7-Micro/WIN SMART，新建项目，进行硬件组态，选择 CPU

SR20（AC/DC/Relay），设置主站 CPU1 的 IP 地址，勾选“以太网端口”下的复选框，IP 地址为 192.168.1.5，子网掩码为 255.255.255.0，默认网关为 0.0.0.0，如图 13-17 所示，单击“确定”按钮。然后在程序编辑界面单击“保存”按钮，文件名命名为主站，单击“保存”按钮。

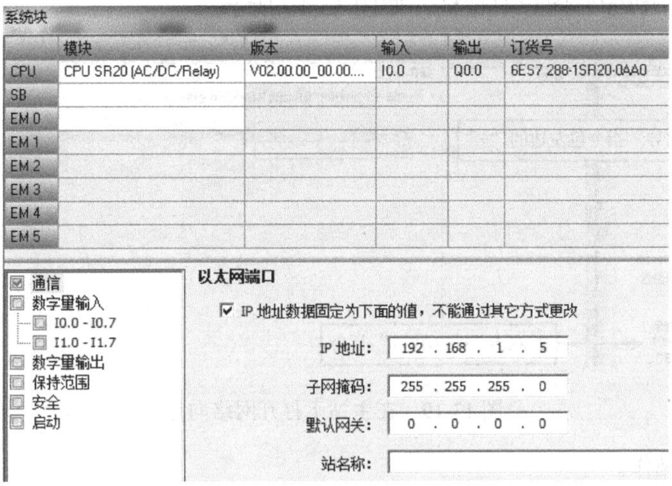

系统块

	模块	版本	输入	输出	订货号
CPU	CPU SR20 (AC/DC/Relay)	V02.00.00_00.00....	I0.0	Q0.0	6ES7 288-1SR20-0AA0
SB					
EM 0					
EM 1					
EM 2					
EM 3					
EM 4					
EM 5					

☑ 通信
☐ 数字量输入
☐ I0.0 - I0.7
☐ I1.0 - I1.7
☐ 数字量输出
☐ 保持范围
☐ 安全
☐ 启动

以太网端口

☑ IP 地址数据固定为下面的值，不能通过其它方式更改

IP 地址：192 . 168 . 1 . 5

子网掩码：255 . 255 . 255 . 0

默认网关：0 . 0 . 0 . 0

站名称：

图 13-17　为主站 CPU1 设置 IP 地址

（3）为从站 CPU2 设置 IP 地址。

打开编程软件 STEP7-Micro/WIN SMART，新建项目，进行硬件组态，选择 CPU SR30（AC/DC/Relay），设置从站 CPU2 的 IP 地址，勾选以太网端口下的复选框，IP 地址为 192.168.1.6，子网掩码为 255.255.255.0，默认网关为 0.0.0.0，如图 13-18 所示，单击“确定”按钮。然后在程序编辑界面单击“保存”按钮，文件名命名为“从站”，单击“保存”按钮。

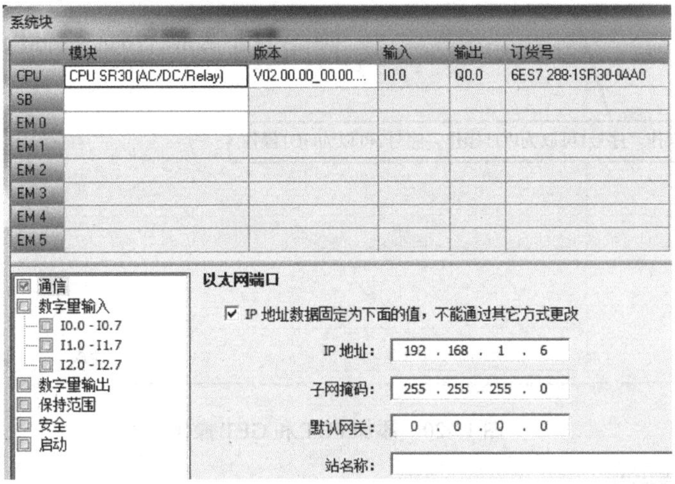

系统块

	模块	版本	输入	输出	订货号
CPU	CPU SR30 (AC/DC/Relay)	V02.00.00_00.00....	I0.0	Q0.0	6ES7 288-1SR30-0AA0
SB					
EM 0					
EM 1					
EM 2					
EM 3					
EM 4					
EM 5					

☑ 通信
☐ 数字量输入
☐ I0.0 - I0.7
☐ I1.0 - I1.7
☐ I2.0 - I2.7
☐ 数字量输出
☐ 保持范围
☐ 安全
☐ 启动

以太网端口

☑ IP 地址数据固定为下面的值，不能通过其它方式更改

IP 地址：192 . 168 . 1 . 6

子网掩码：255 . 255 . 255 . 0

默认网关：0 . 0 . 0 . 0

站名称：

图 13-18　为从站 CPU2 设置 IP 地址

步骤 5. 用 GET/PUT 向导进行网络参数设置。

主站用 GET/PUT 向导组态，配置复杂的网络读/写指令操作。

（1）在主站下打开网络向导。

在程序编辑界面，单击项目指令树的“向导”指令包左边的“+”，双击“GET/PUT”指令，出现“Get/Put”向导对话框，如图 13-19 所示。

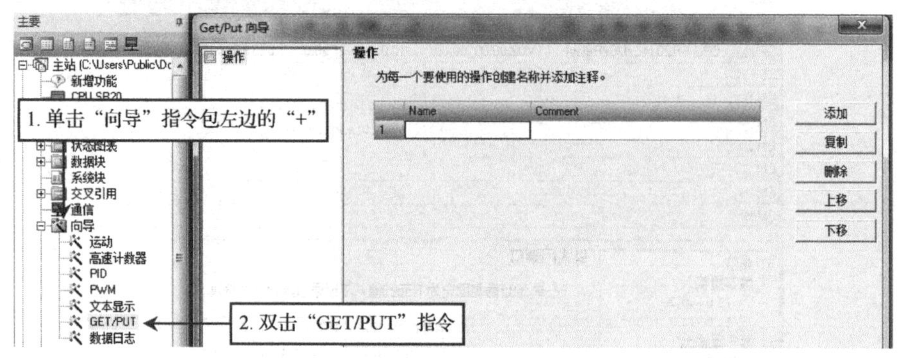

图 13-19　在主站下打开网络向导

（2）添加操作。

默认 1 项操作（Operation），根据通信区设置，需要两项操作，单击“添加”按钮，添加第 2 项操作，序号 1 可以为 PUT 操作，序号 2 可以为 GET 操作，如图 13-20 所示。最多允许包含 24 项独立的网络操作。单击“下一页”按钮。

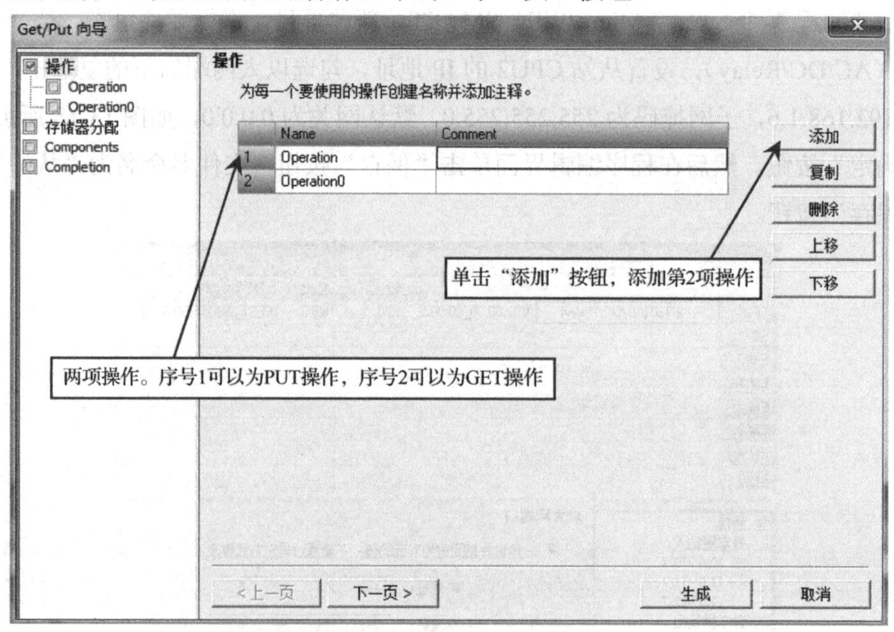

图 13-20　添加 PUT 和 GET 操作

（3）组态读操作。

根据通信区设置，组态读操作，就是 GET 操作。传送（接收）大小为 2 字节，从

站 IP 地址为 192.168.1.6，从远程从站存储区 VB1000～VB1001 处读取数据，数据存储在本地主站存储区 VB1200～VB1201，然后单击“下一页”按钮，如图 13-21 所示。

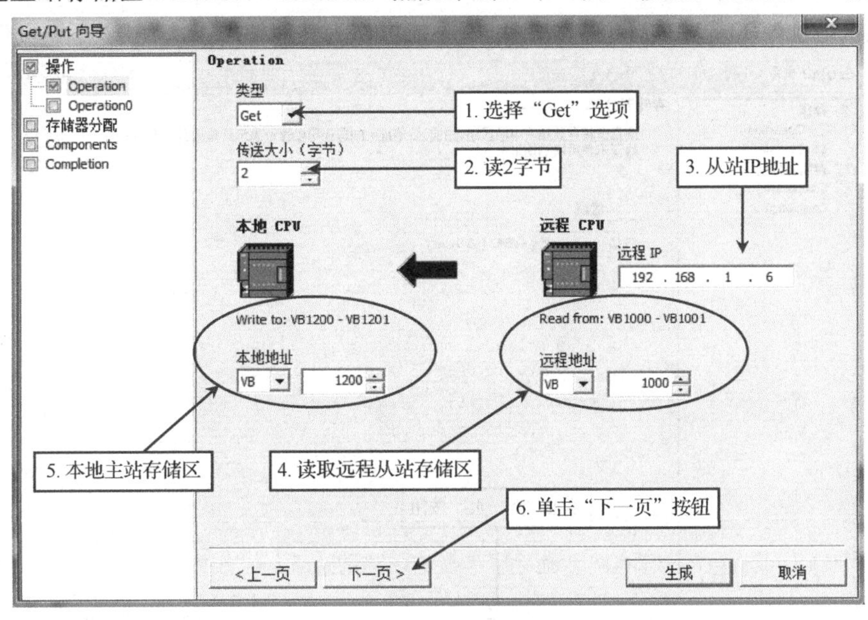

图 13-21　设置 GET 操作

（4）组态写操作。

根据通信区设置，组态写操作，就是 PUT 操作。传送（接收）大小为 2 字节，IP 地址为 192.168.1.6，本地主站存储区为 VB1300～VB1301，写入远程从站存储区 VB1100～VB1101，如图 13-22 所示，然后单击“下一页”按钮。

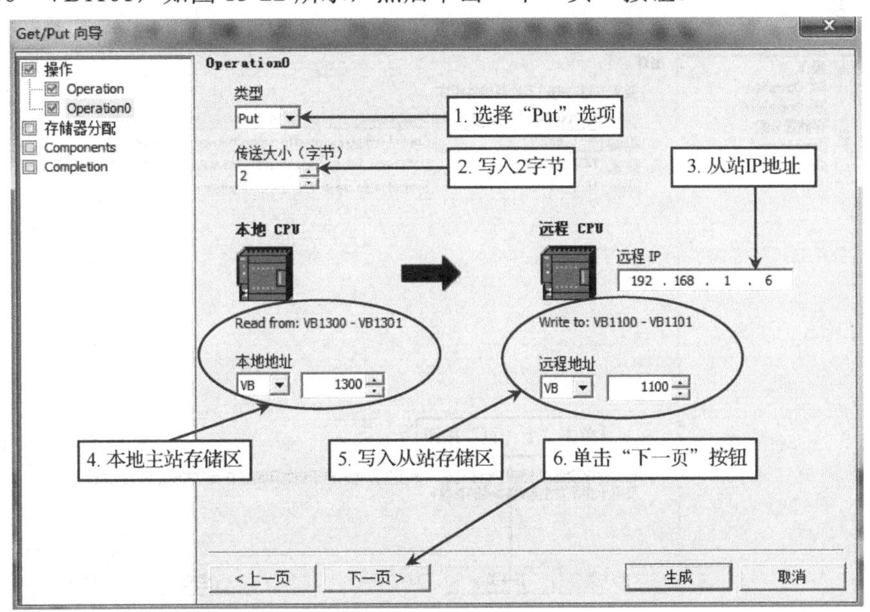

图 13-22　设置 PUT 操作

（5）存储器分配。

在出现的如图 13-23 所示的对话框中设置存储区的分配地址，存储器分配地址可以选择默认地址 VB0～VB42，这时此地址就不能再作为其他使用了。单击“下一页”按钮。

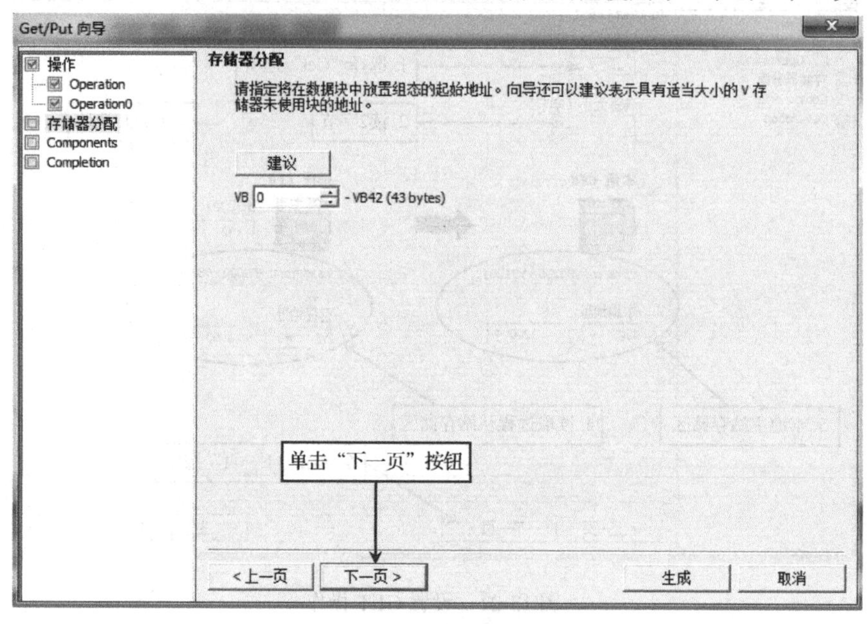

图 13-23　选择存储器分配地址

（6）组件。

此时可以看到实现要求的组态项目组件默认名称，如图 13-24 所示。单击“下一页”按钮。

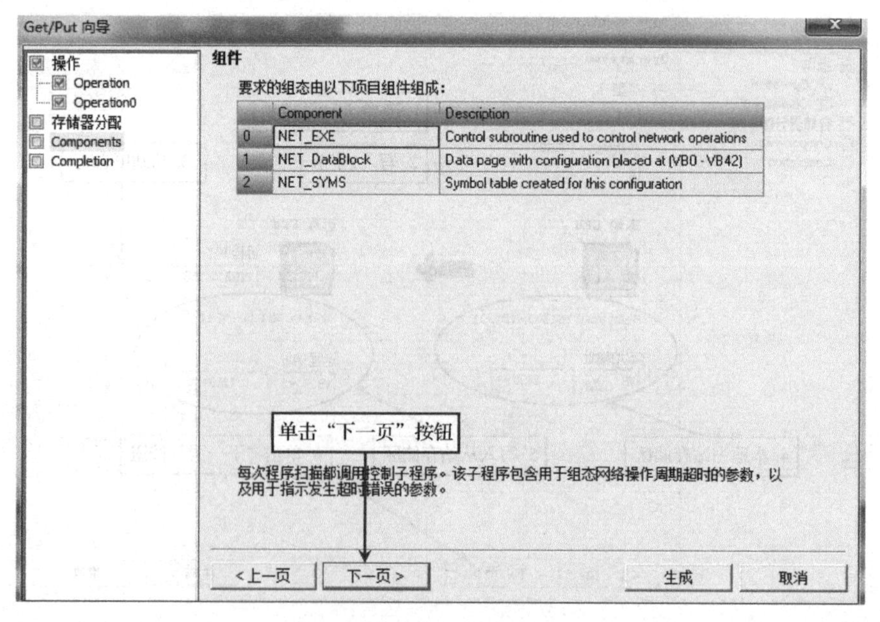

图 13-24　组件

（7）生成代码。

接着出现生成代码的界面，如图 13-25 所示，单击“生成”按钮，会生成调用子程序 NET_EXE（SBR1）。

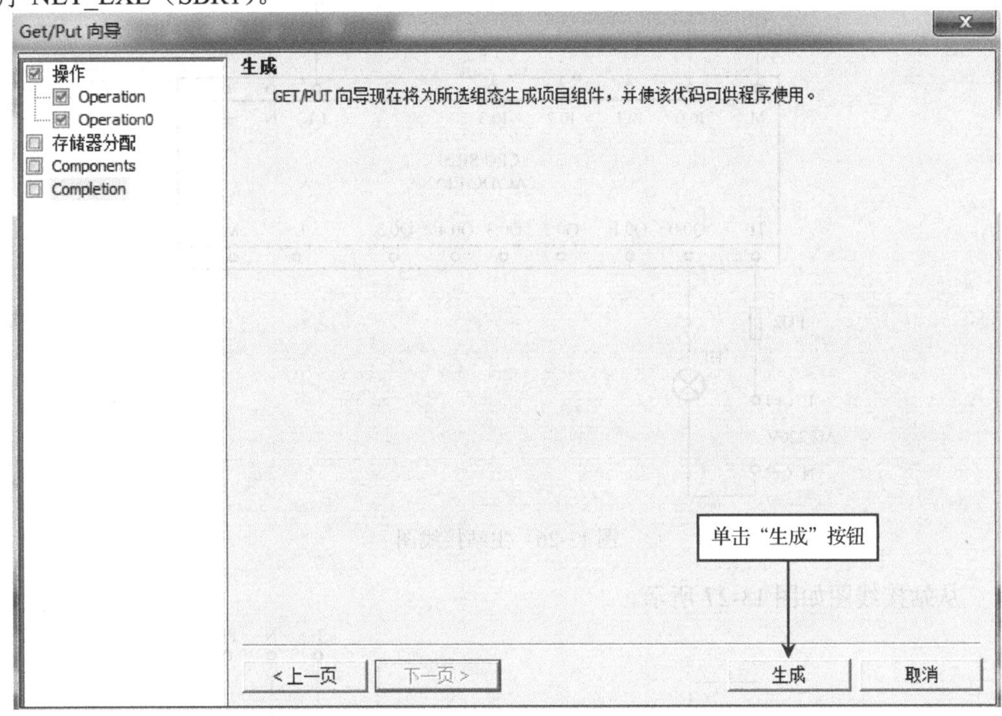

图 13-25　生成代码

步骤 6．输入/输出信号器件分析。

主站输入/输出地址分配如表 13-1 所示。

表 13-1　主站输入/输出地址分配

序　号	输入信号器件名称	编程元件地址	序　号	输出信号器件名称	编程元件地址
1	点动按钮 SB（常开触点）	I0.0	1	指示灯 HL	Q0.0

从站输入/输出地址分配如表 13-2 所示。

表 13-2　从站输入/输出地址分配

序　号	输入信号器件名称	编程元件地址	序　号	输出信号器件名称	编程元件地址
1	点动按钮 SB（常开触点）	I0.0	1	指示灯 HL	Q0.0

步骤 7．输入/输出接线图。

主站接线图如图 13-26 所示。

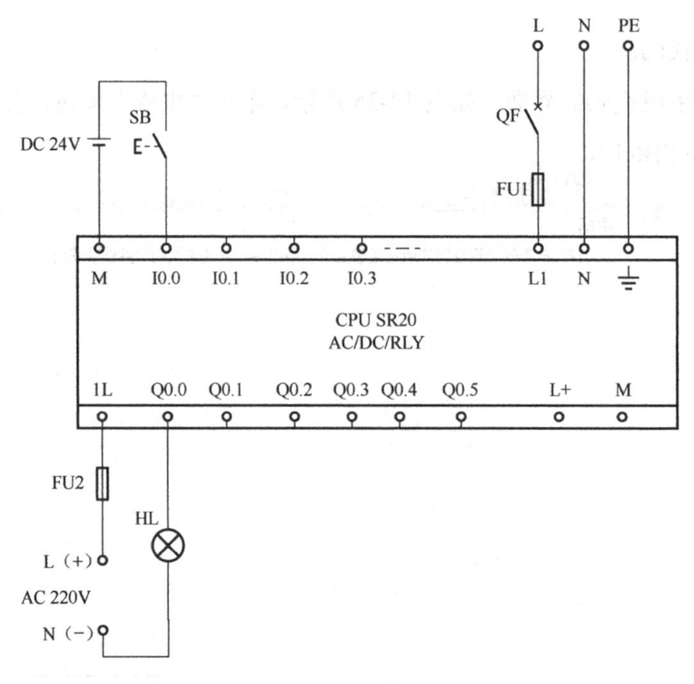

图 13-26　主站接线图

从站接线图如图 13-27 所示。

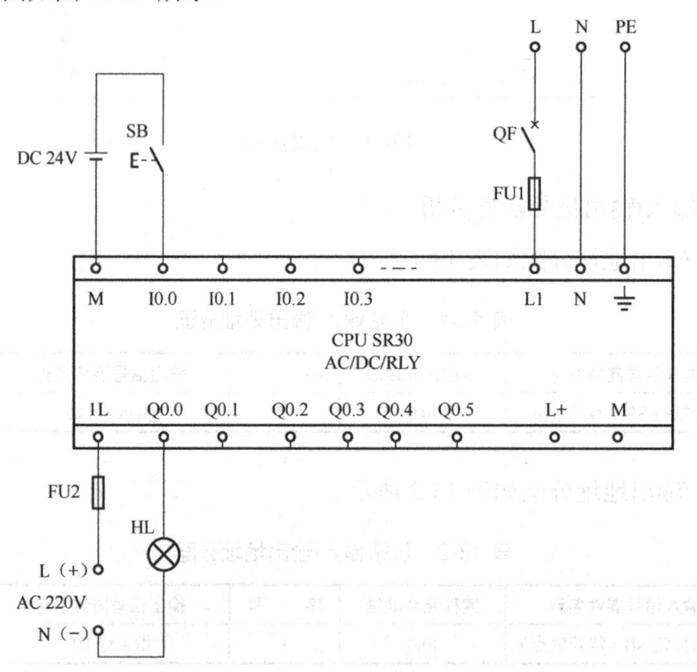

图 13-27　从站接线图

步骤 8．建立符号表。

主站符号表如图 13-28 所示。

符号表

			符号	地址
1			点动按钮SB	I0.0
2			CPU_输入1	I0.1
3			CPU_输入2	I0.2
4			CPU_输入3	I0.3
5			CPU_输入4	I0.4
6			CPU_输入5	I0.5
7			CPU_输入6	I0.6
8			CPU_输入7	I0.7
9			CPU_输入8	I1.0
10			CPU_输入9	I1.1
11			CPU_输入10	I1.2
12			CPU_输入11	I1.3
13			指示灯HL	Q0.0

图 13-28 主站符号表

从站符号表如图 13-29 所示。

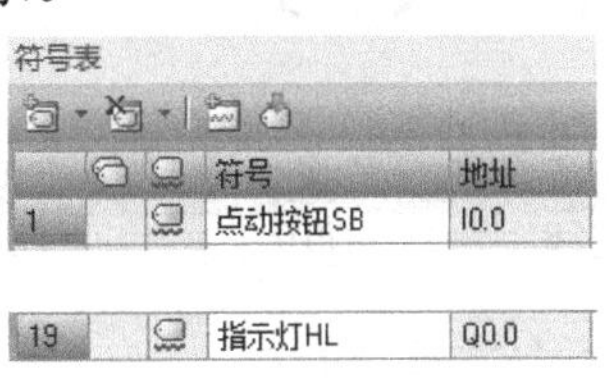

符号表

			符号	地址
1			点动按钮SB	I0.0
19			指示灯HL	Q0.0

图 13-29　从站符号表

步骤 9．编写控制程序。

讲解两台 PLC 以太网通信程序

（1）主站程序。

在主站程序编辑器窗口左侧“调用子例程”下面双击“NET_EXE（SBR1）”子程序，如图 13-30 所示，子程序出现在主站程序编辑器中。

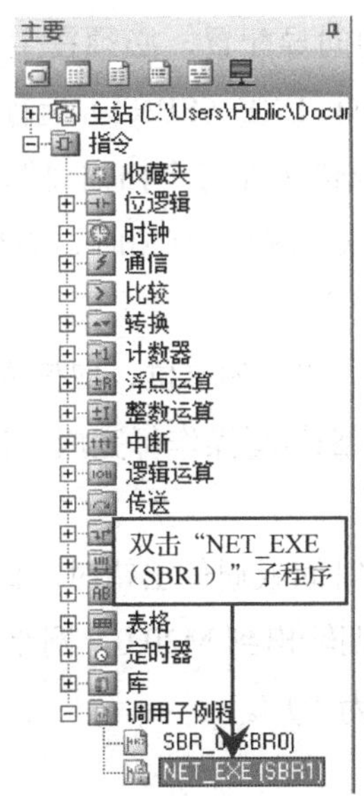

图 13-30　双击“NET_EXE（SBR1）”子程序

根据项目要求、地址分配及通信区设置编写主站程序，如图 13-31 所示。

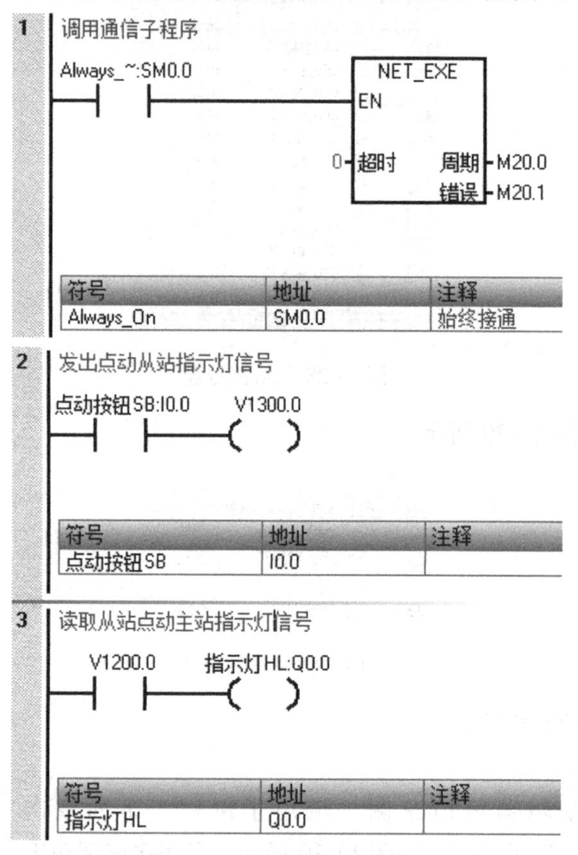

图 13-31 主站程序

要在程序中使用上面完成的向导配置，必须在主程序中加入对子程序 NET_EXE（SBR1）的调用。要使子程序 NET_EXE（SBR1）运行，不断地读取与写入数据，必须在主程序中不停地调用它，用 SM0.0 在每个扫描周期内调用此子程序，将开始执行配置的网络读/写操作。NET_EXE（SBR1）有超时、周期、错误等几个参数，它们的含义如下。

超时：设定的通信超时时限，以 s 为单位，取值为 1～32767，若为 0，则不计时。

周期：输出开关量，所有网络读/写操作每完成一次，都会切换周期的 BOOL 变量状态。

错误：当通信时间超出设定时间或通信出错时，此信号为“1”。

本项目中超时设定为 0，周期输出到 M20.0，网络通信时，M20.0 闪烁；错误输出到 M20.1，发生错误时，M20.1 为“1”。

（2）从站程序。

根据项目要求、地址分配及通信区设置编写从站程序，如图 13-32 所示。

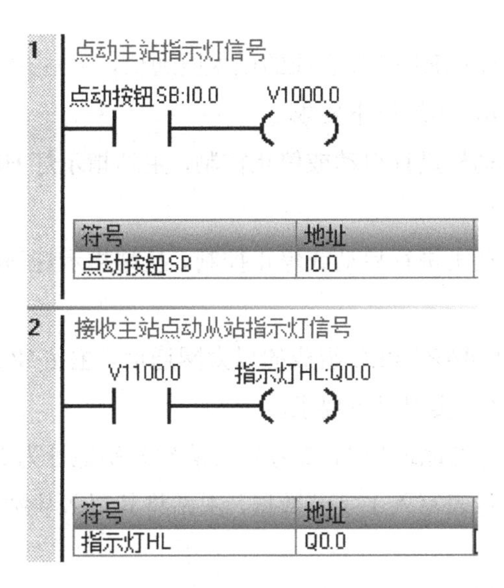

图 13-32　从站程序

注意：在从站程序编辑器中，不调用子程序 NET_EXE（SBR1）。

步骤 10．联机调试。

在断电情况下连线点动按钮与指示灯。

确保在连线正确的情况下通电，通过 STEP 7-Micro/WIN SMART 软件，将主站 CPU1 和从站 CPU2 的组态与程序分别下载到各自对应的 PLC 中。

在主站按下按钮 SB，看到从站指示灯 HL 亮；松开按钮 SB，看到从站指示灯 HL 灭。在从站按下按钮 SB，看到主站指示灯 HL 亮；松开按钮 SB，看到主站指示灯 HL 灭。

如果满足上述要求，则调试成功；如果不满足，则检查原因，纠正问题，重新调试，直到满足上述要求。

巩固练习十三

1．由两台 S7-200 SMART PLC 组成的以太网通信，主站 IP 地址为 192.168.0.5，从站 IP 地址为 192.168.0.6，实现以下要求。

（1）在主站按下启动按钮 SB0，启动从站电动机；按下停止按钮 SB1，停止从站电机。

（2）在从站按下启动按钮 SB0，启动主站电动机；按下停止按钮 SB1，停止主站电机。

2．由两台 S7-200 SMART PLC 组成的以太网通信，主站 IP 地址为 192.168.0.5，从站 IP 地址为 192.168.0.6，实现以下要求。

（1）主站对从站电动机进行启动或停止控制，主站指示灯 HL 能监视从站电动机的工作状态。

（2）从站对主站电动机进行启动或停止控制，从站指示灯 HL 能监视主站电动机的工作状态。

3．由两台 S7-200 SMART PLC 组成的以太网通信，主站 IP 地址为 192.168.0.5，从站 IP 地址为 192.168.0.6，实现以下要求。

（1）1 号站（主站）站地址为 1，2 号站（从站）站地址为 2。

（2）在主站通过变量表写入 1 字节数据，主站将其写入从站中，在从站通过变量可以看到该数据。

（3）在从站通过变量表写入 1 字节数据，主站将其读取过来，在主站通过变量可以看到该数据。

项目 14
多台 S7-200 SMART PLC 以太网通信

讲解 3 台 PLC 以太网通信项目要求

14.1 项目要求

由 3 台 S7-200 SMART PLC 组成的以太网通信，主站 IP 地址为 192.168.0.5，从站 1 的 IP 地址为 192.168.0.6，从站 2 的 IP 地址为 192.168.0.7，实现以下要求。

（1）在主站按下启动按钮 SB1，从站 1 指示灯 HL 亮，从站 2 指示灯 HL 亮；在主站按下停止按钮 SB2，从站 1 指示灯 HL 灭，从站 2 指示灯 HL 灭。

（2）在从站 1 按下启动按钮 SB1，主站指示灯 HL1 亮；在从站 1 按下停止按钮 SB2，主站指示灯 HL1 灭。

（3）在从站 2 按下启动按钮 SB1，主站指示灯 HL2 亮；在从站 2 按下停止按钮 SB2，主站指示灯 HL2 灭。

14.2 学习目标

1．掌握 3 台 S7-200 SMART PLC 以太网通信的硬件与软件配置。

2．掌握 3 台 S7-200 SMART PLC 以太网通信的硬件连接。

3．掌握 3 台 S7-200 SMART PLC 以太网通信的通信区设置。

4．掌握 3 台 S7-200 SMART PLC 以太网通信的 GET/PUT 向导设置。

5．掌握 3 台 S7-200 SMART PLC 以太网通信的编程及调试。

14.3 项目解决步骤

步骤 1．通信的硬件与软件配置.

硬件：

（1）S7-200 SMART CPU 3 台。

（2）用于组网的带金属水晶头的 4 芯双绞线 3 根。

（3）用于下载的带水晶头的 4 芯双绞线 1 根。

（4）安装 STEP7-Micro/WIN SMART 软件的计算机 1 台（也称编程器）。

（5）以太网工业交换机 1 台。

软件：编程软件 STEP7-Micro/WIN SMART。

步骤 2．通信的硬件连接。

讲解 3 台 PLC 以太网通信硬件连接

在断电情况下，将 3 根带金属水晶头的 4 芯双绞线分别按照图 14-1 插到 PLC 网口和以太网交换机网口，将用于下载的带水晶头的 4 芯双绞线的一端插到计算机网口，另一端插到交换机网口。

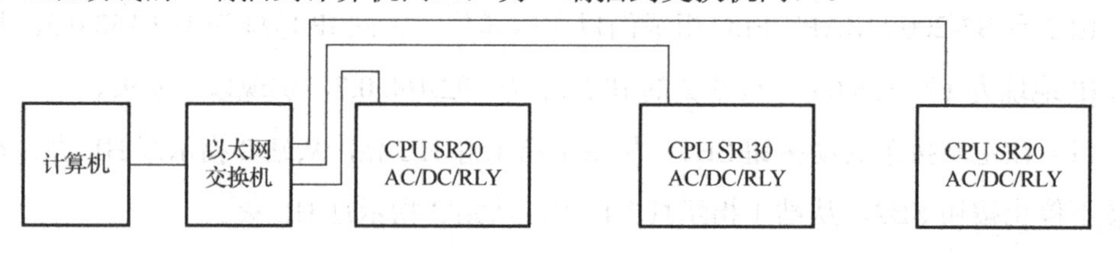

图 14-1　以太网通信的硬件连接

步骤 3．通信区设置。

讲解 3 台 PLC 以太网通信区设置

主站、从站 1、从站 2 的通信区设置如图 14-2 所示。

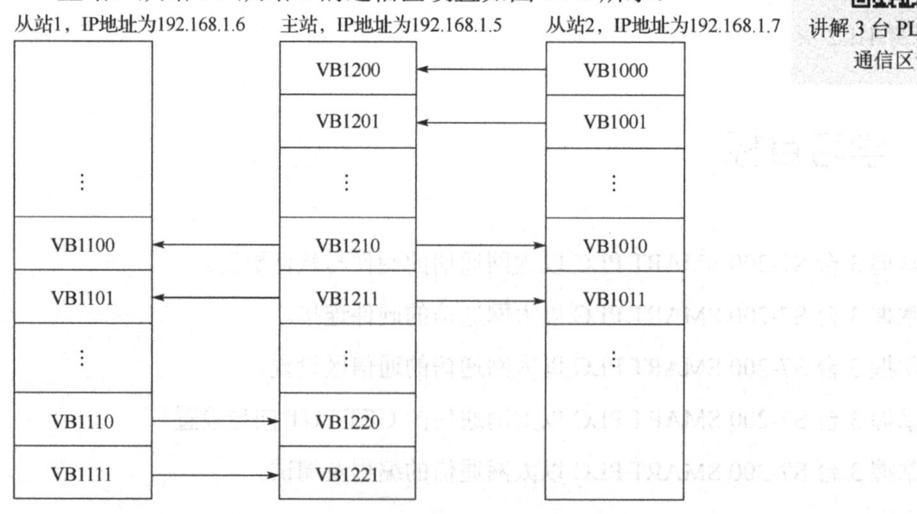

图 14-2　主站、从站 1、从站 2 的通信区设置

步骤 4．设置 IP 地址。

（1）为计算机（编程器）设置 IP 地址。

打开“Internet 协议版本 4（TCP/IPv4）属性”对话框，为计算机设置 IP 地址为 192.168.1.20，输入子网掩码 255.255.255.0，如图 14-3 所示，单击“确定”按钮。

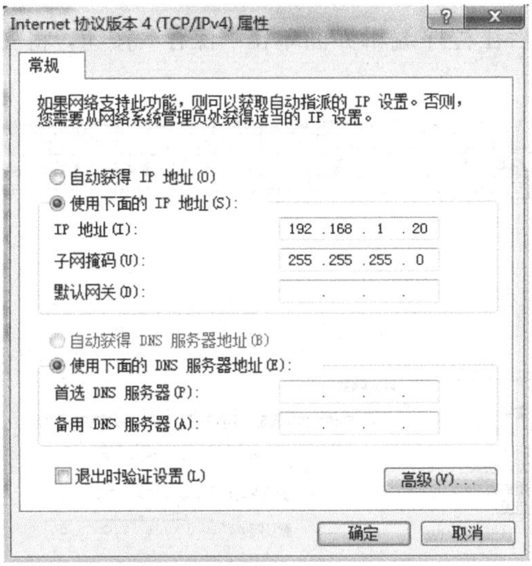

图 14-3　为计算机设置 IP 地址

（2）为主站 CPU1 设置 IP 地址。

打开编程软件 STEP7-Micro/WIN SMART，新建项目，进行硬件组态，选择 CPU SR20（AC/DC/Relay），设置主站的 CPU1 的 IP 地址，勾选“以太网端口”下的复选框，IP 地址为 192.168.1.5，子网掩码为 255.255.255.0，默认网关为 0.0.0.0，如图 14-4 所示。单击“确定”按钮。然后在程序编辑界面单击“保存”按钮，将文件名命名为“主站”，单击“保存”按钮。

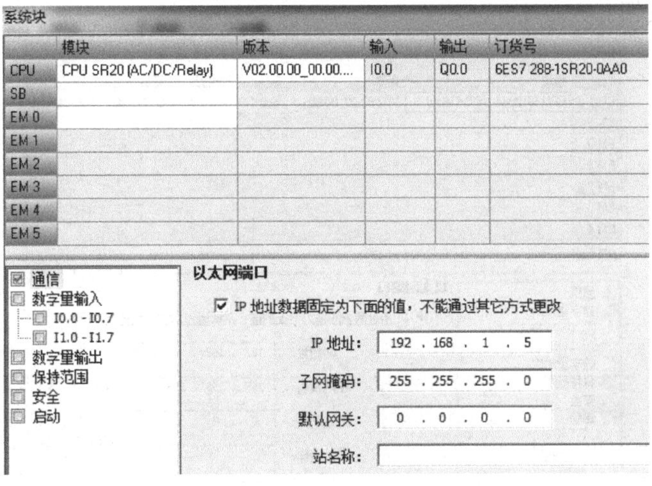

图 14-4　为主站 CPU1 设置 IP 地址

（3）为从站 1 CPU2 设置 IP 地址。

打开编程软件 STEP7-Micro/WIN SMART，新建项目，进行硬件组态，选择 CPU SR30（AC/DC/Relay），设置从站 1 CPU2 的 IP 地址，勾选“以太网端口”下的复选框，IP 地址为 192.168.1.6，子网掩码为 255.255.255.0，默认网关为 0.0.0.0，如图 14-5 所示。单击“确定”按钮。然后在程序编辑界面单击“保存”按钮，将文件命名为“从站 1”，单击“保存”按钮。

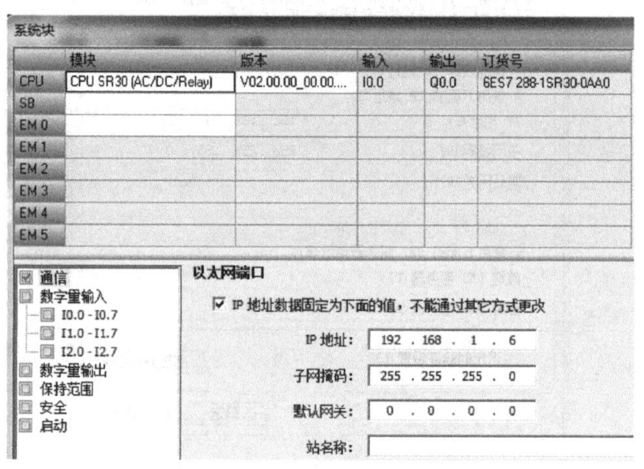

图 14-5　为从站 1 CPU2 设置 IP 地址

（4）为从站 2 CPU3 设置 IP 地址。

打开编程软件 STEP7-Micro/WIN SMART，新建项目，进行硬件组态，选择 CPU SR20（AC/DC/Relay），设置从站 2 CPU3 的 IP 地址，勾选“以太网端口”下的复选框，IP 地址为 192.168.1.7，子网掩码为 255.255.255.0，默认网关为 0.0.0.0，如图 14-6 所示。单击“确定”按钮。然后在程序编辑界面单击“保存”按钮，将文件命名为“从站 2”，单击“保存”按钮。

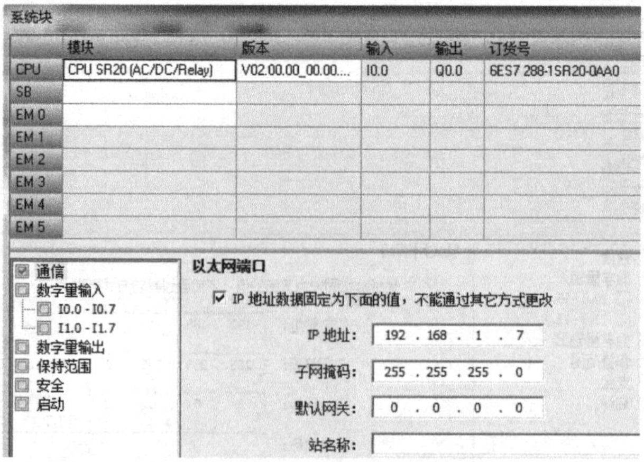

图 14-6　为从站 2 CPU3 设置 IP 地址

步骤 4．用 GET/PUT 向导进行网络参数设置。

主站用 GET/PUT 向导组态，配置复杂的网络读/写指令操作。

（1）在主站下打开网络向导。

在程序编辑界面，单击项目指令树的“向导”指令包左边的“+”，双击“GET/PUT”指令，出现“Get/Put 向导”对话框，如图 14-7 所示。

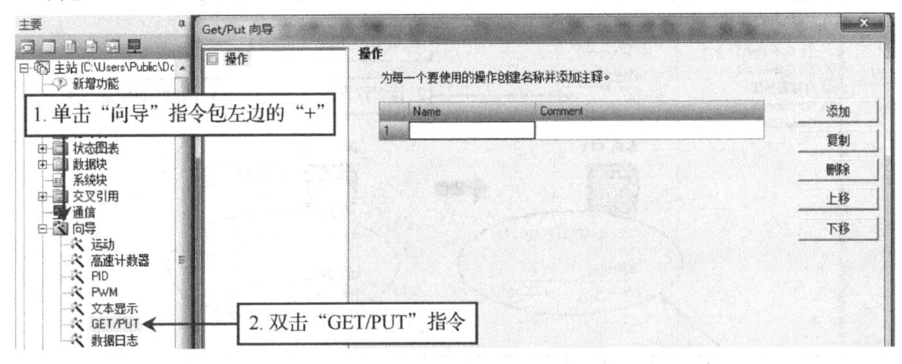

图 14-7　在主站下打开网络向导

（2）添加操作。

默认已经有 1 项操作（Operation），根据通信区设置，共需要 4 项操作，单击“添加”按钮，添加 3 项操作，序号 1 为主站与从站 1 的 PUT 操作，序号 2 为主站与从站 1 的 GET 操作，序号 3 为主站与从站 2 的 PUT 操作，序号 4 为主站与从站 2 的 GET 操作，如图 14-8 所示。最多允许包含 24 项独立的网络操作。单击“下一页”按钮。

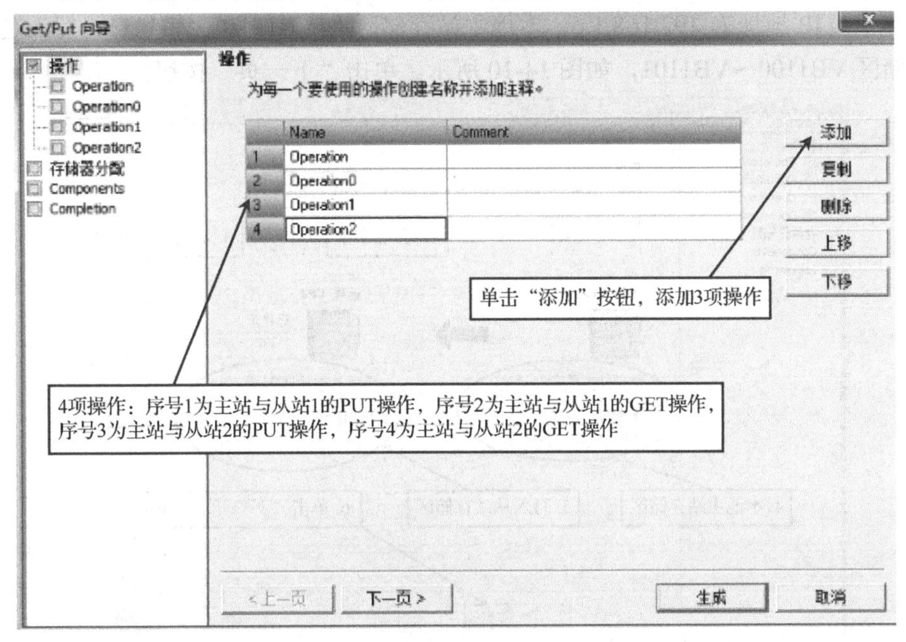

图 14-8　添加操作

（3）组态主站与从站 1 读操作。

根据通信区设置，组态主站与从站 1 读操作，就是 GET 操作。传送（接收）大小为 2 字节，从站 1 IP 地址为 192.168.1.6，从远程从站存储区 VB1110～VB1111 处读取数据，数据存储在本地主站存储区 VB1220～VB1221，如图 14-9 所示。单击“下一页”按钮。

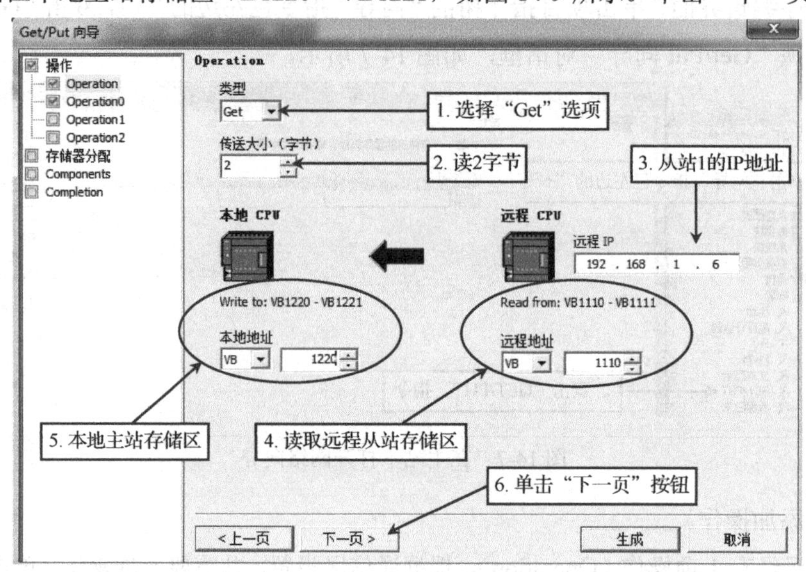

图 14-9　设置 GET 操作 1

（4）组态主站与从站 1 写操作。

根据通信区设置，组态主站与从站 1 写操作，就是 PUT 操作。传送（接收）大小为 2 字节，IP 地址为 192.168.1.6，本地主站存储区为 VB1210～VB1211，写入远程从站存储区 VB1100～VB1101，如图 14-10 所示。单击“下一页”按钮。

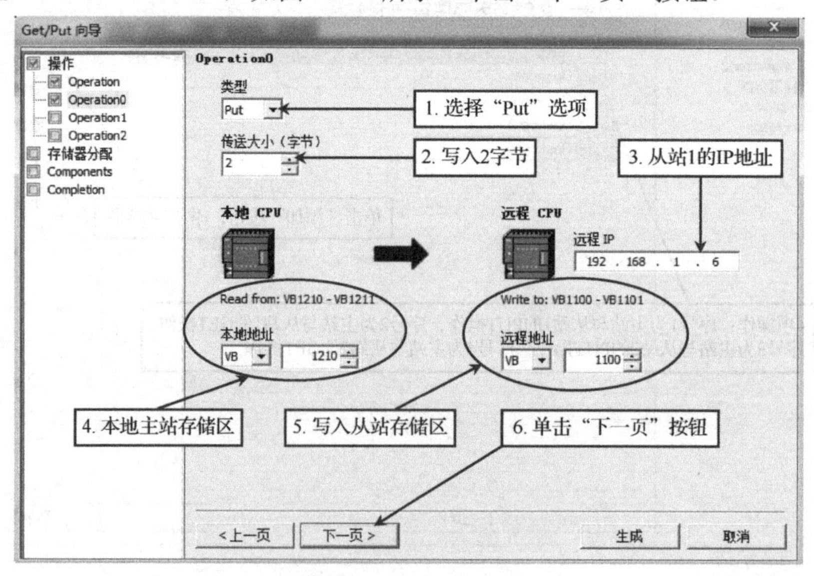

图 14-10　设置 PUT 操作 1

（5）组态主站与从站 2 读操作。

根据通信区设置，组态主站与从站 2 读操作，就是 GET 操作。传送（接收）大小为 2 字节，从站 2 的 IP 地址为 192.168.1.7，从远程从站存储区 VB1000～VB1001 处读取数据，数据存储在本地主站存储区 VB1200～VB1201，如图 14-11 所示。单击“下一页”按钮。

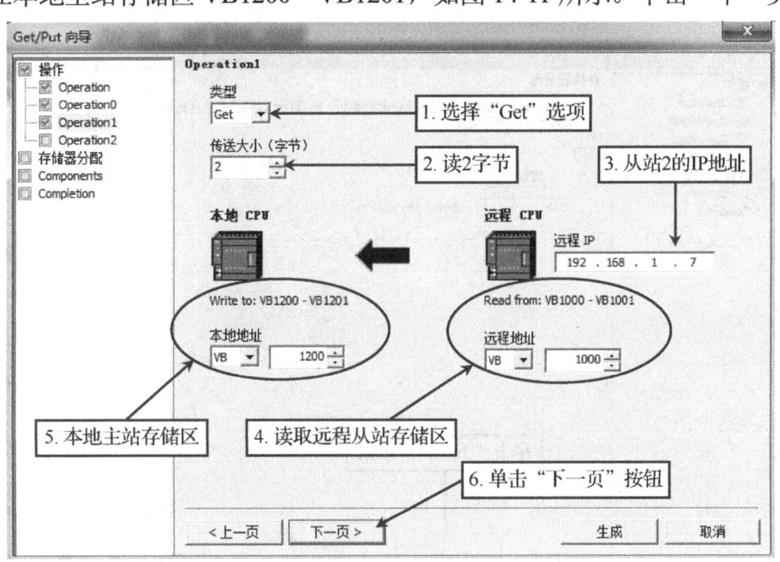

图 14-11　设置 GET 操作 2

（6）组态主站与从站 2 写操作。

根据通信区设置，组态主站与从站 2 写操作，就是 PUT 操作。传送（接收）大小为 2 字节，IP 地址为 192.168.1.7，本地主站存储区为 VB1210～VB1211，写入远程从站存储区 VB1010～VB1011，如图 14-12 所示。单击“下一页”按钮。

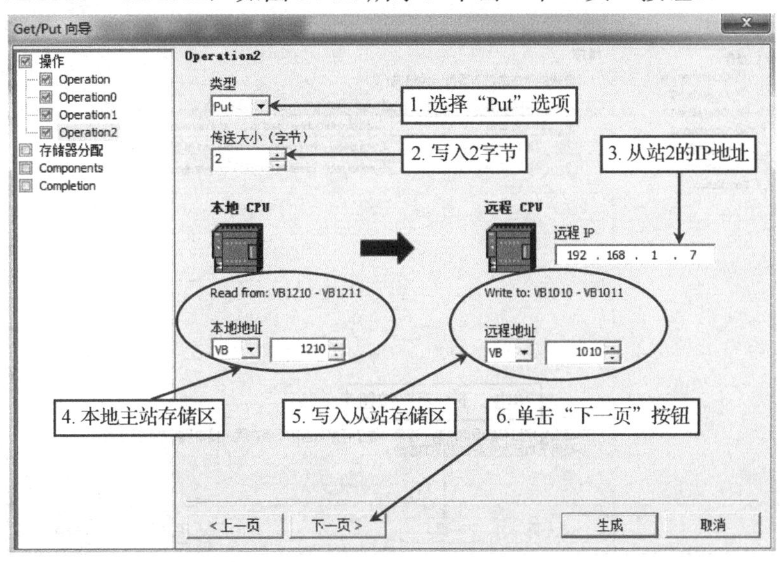

图 14-12　设置 PUT 操作 2

（7）存储器分配。

接着出现如图 14-13 所示的界面，在此设置存储器的分配地址，存储器分配地址可以选择默认地址 VB0～VB42，此时此地址就不能再作为其他使用了。单击“下一页”按钮。

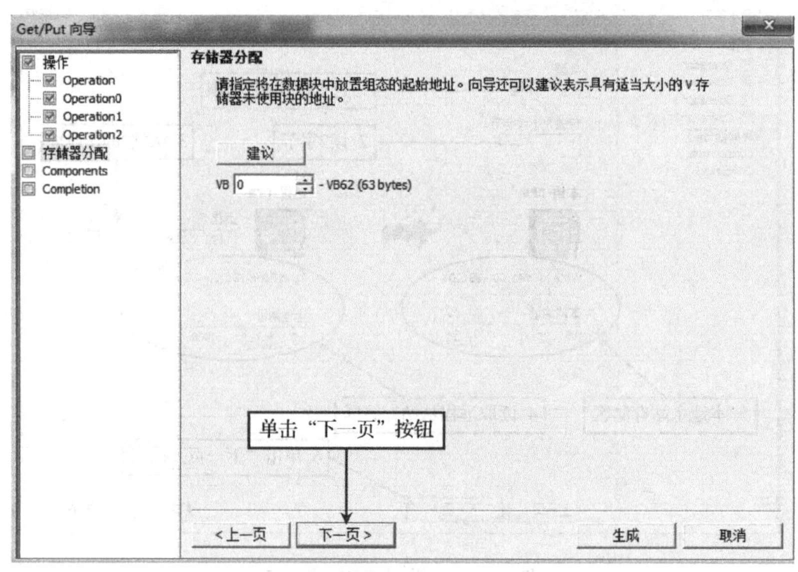

图 14-13　选择存储器分配地址

（8）组件。

此时可以看到实现要求的组态项目组件的默认名称，如图 14-14 所示。单击“下一页”按钮。

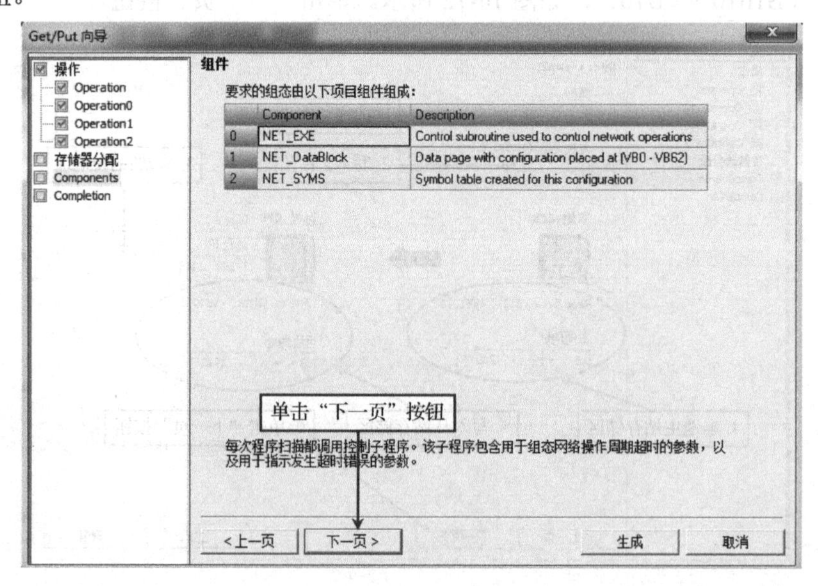

图 14-14　组件

（9）生成代码。

接着出现如图 14-15 所示的界面，单击“生成”按钮，会生成调用子程序 NET_EXE（SBR1）。

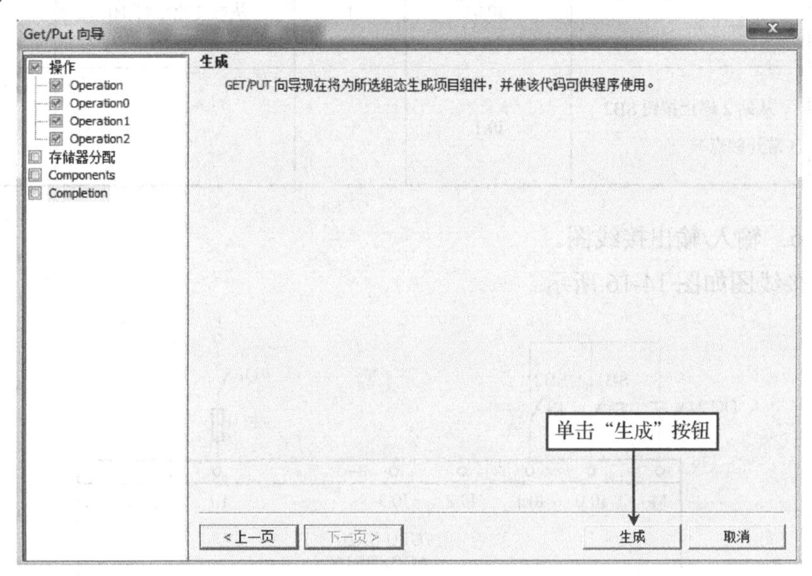

图 14-15　生成代码

步骤 5．输入/输出地址分配。

主站的输入/输出地址分配如表 14-1 所示。

表 14-1　主站的输入/输出地址分配

序　号	输入信号器件名称	编程元件地址	序　号	输出信号器件名称	编程元件地址
1	主站启动按钮 SB1（常开触点）	I0.0	1	主站指示灯 HL1	Q0.0
2	主站停止按钮 SB2（常开触点）	I0.1	2	主站指示灯 HL2	Q0.1

从站 1 的输入/输出地址分配如表 14-2 所示。

表 14-2　从站 1 的输入/输出地址分配

序　号	输入信号器件名称	编程元件地址	序　号	输出信号器件名称	编程元件地址
1	从站 1 启动按钮 SB1（常开触点）	I0.0	1	从站 1 指示灯 HL	Q0.0
2	从站 1 停止按钮 SB2（常开触点）	I0.1	—	—	—

从站 2 的输入/输出地址分配如表 14-3 所示。

表 14-3　从站 2 的输入/输出地址分配

序　　号	输入信号器件名称	编程元件地址	序　　号	输出信号器件名称	编程元件地址
1	从站 2 启动按钮 SB1（常开触点）	I0.0	1	从站 2 指示灯 HL	Q0.0
2	从站 2 停止按钮 SB2（常开触点）	I0.1	—	—	—

步骤 6．输入/输出接线图。

主站接线图如图 14-16 所示。

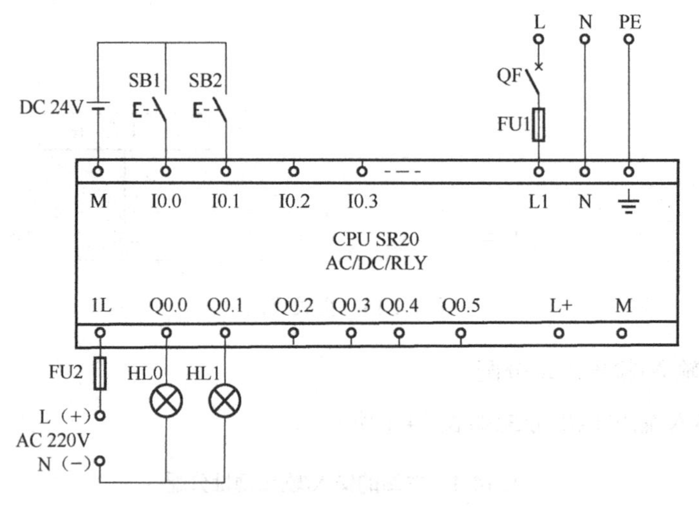

图 14-16　主站接线图

从站 1 接线图如图 14-17 所示。

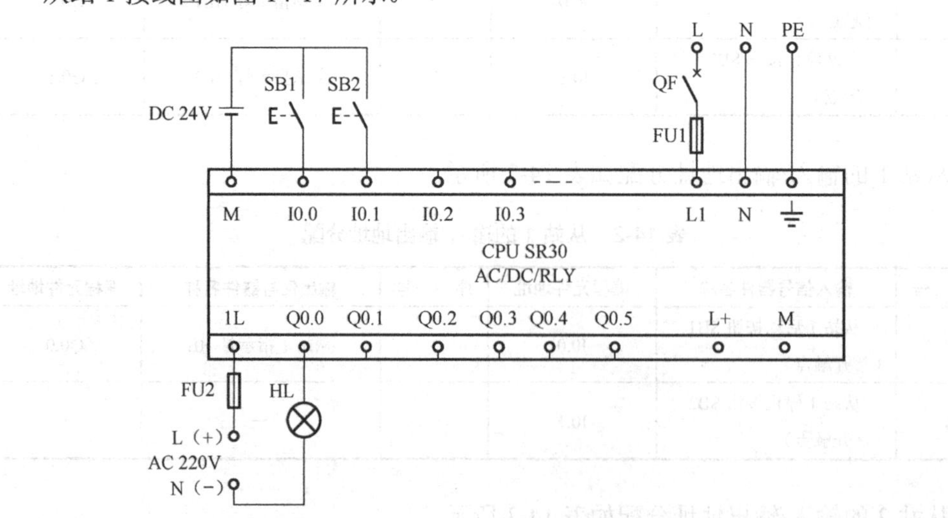

图 14-17　从站 1 接线图

从站 2 接线图如图 14-18 所示。

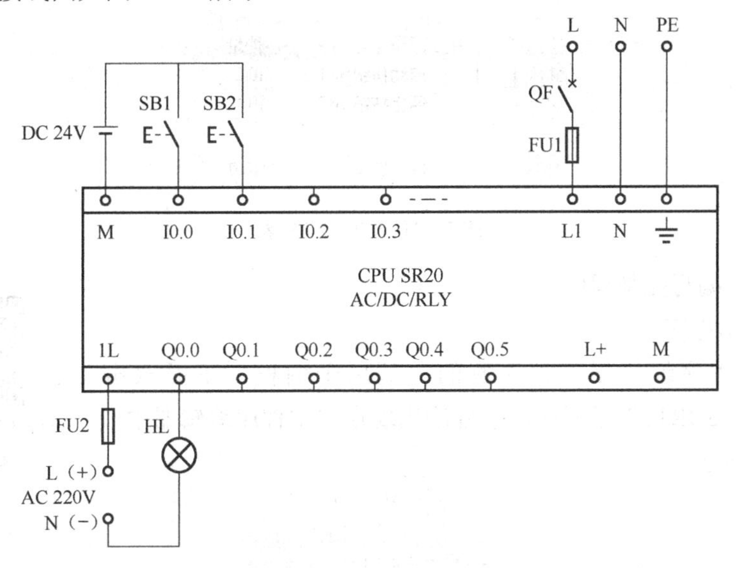

图 14-18　从站 2 接线图

步骤 7．建立符号表。

主站符号表如图 14-19 所示。

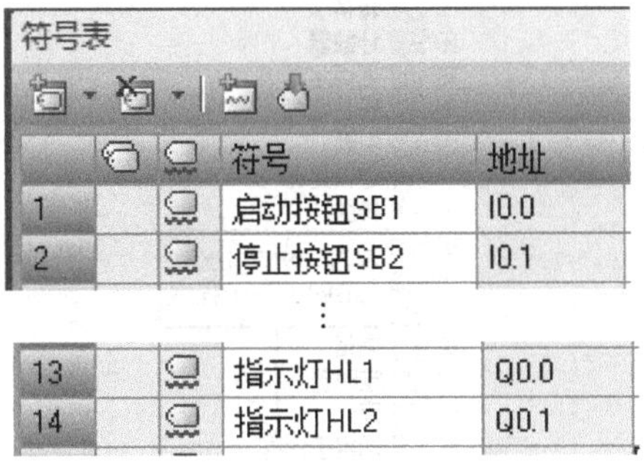

符号表

			符号	地址
1			启动按钮SB1	I0.0
2			停止按钮SB2	I0.1
⋮				
13			指示灯HL1	Q0.0
14			指示灯HL2	Q0.1

图 14-19　主站符号表

从站 1 符号表如图 14-20 所示。

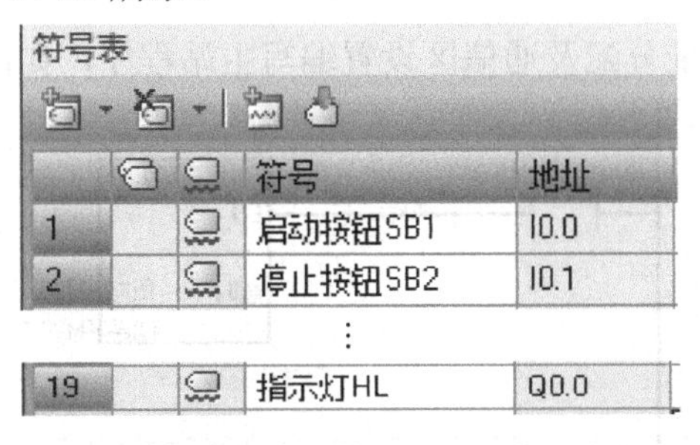

符号表

			符号	地址
1			启动按钮SB1	I0.0
2			停止按钮SB2	I0.1
⋮				
19			指示灯HL	Q0.0

图 14-20　从站 1 符号表

从站 2 符号表如图 14-21 所示。

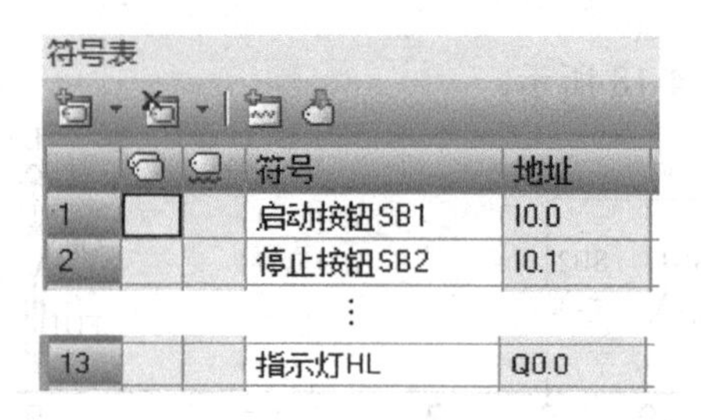

符号表

			符号	地址
1			启动按钮SB1	I0.0
2			停止按钮SB2	I0.1
⋮				
13			指示灯HL	Q0.0

图 14-21 从站 2 符号表

步骤 8．编写控制程序。

（1）主站程序。

在主站程序编辑器窗口左侧的“调用子例程”下面双击“NET_EXE（SBR1）”子程序，子程序出现在主站程序编辑器中，如图 14-22 所示。

讲解 3 台 PLC 以太网通信程序

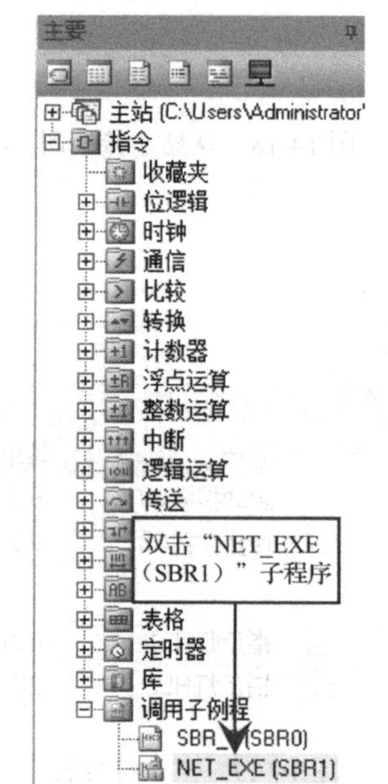

图 14-22　双击“NET_EXE”子程序

根据项目要求、地址分配及通信区设置编写主站程序，如图 14-23 所示。

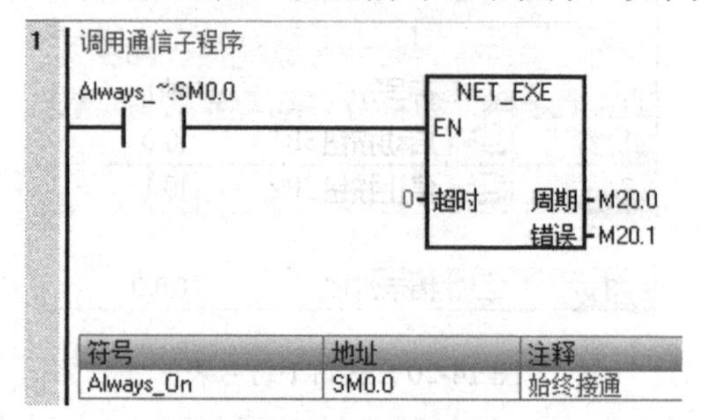

符号	地址	注释
Always_On	SM0.0	始终接通

图 14-23　主站程序

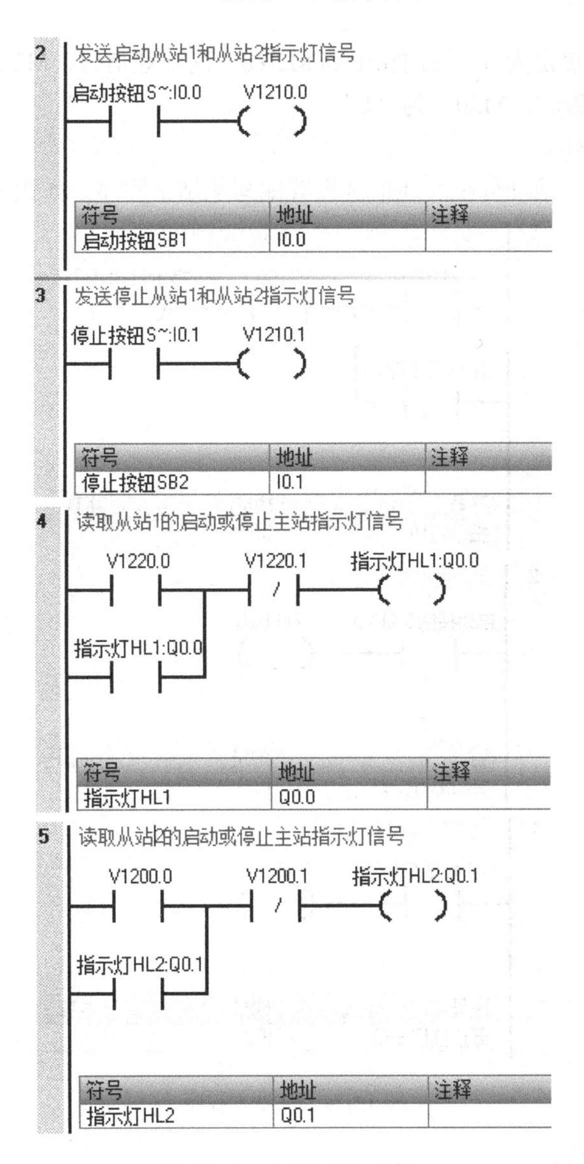

图 14-23 主站程序（续）

要在程序中使用上面完成的向导配置，必须在主程序中加入对子程序 NET_EXE（SBR1）的调用。要使子程序 NET_EXE（SBR1）运行，不断地读取与写入数据，必须在主程序中不停地调用它，用 SM0.0 在每个扫描周期内调用此子程序，将开始执行配置的网络读/写操作。NET_EXE（SBR1）有超时、周期、错误等几个参数，它们的含义如下。

超时：设定的通信超时时限，以 s 为单位，取值为 1～32767，若为 0，则不计时。

周期：输出开关量，所有网络读/写操作每完成一次，都会切换周期的 BOOL 变量状态。

错误：当通信时间超出设定时间或通信出错时，此信号为“1”。

本项目中超时设定为 0，周期输出到 M20.0，网络通信时，M20.0 闪烁；错误输出到 M20.1，发生错误时，M20.1 为“1”。

（2）从站 1 程序。

根据项目要求、地址分配及通信区设置编写从站 1 程序，如图 14-24 所示。

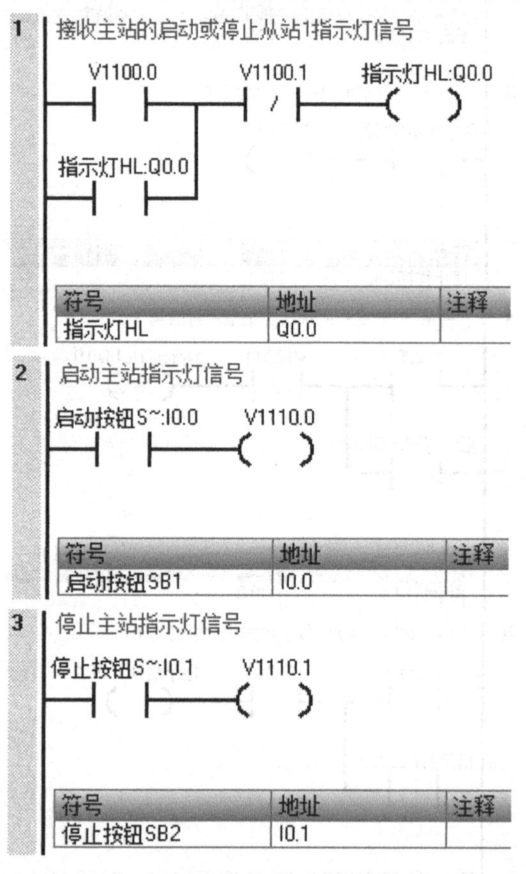

图 14-24　从站 1 程序

（3）从站 2 程序。

根据项目要求、地址分配及通信区设置编写从站 2 程序，如图 14-25 所示。

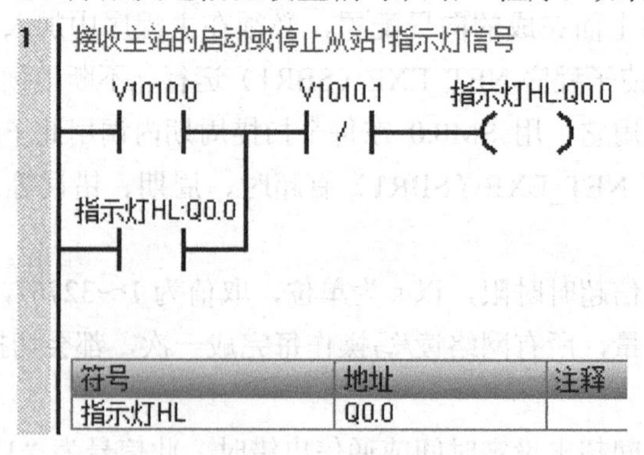

图 14-25 从站 2 程序

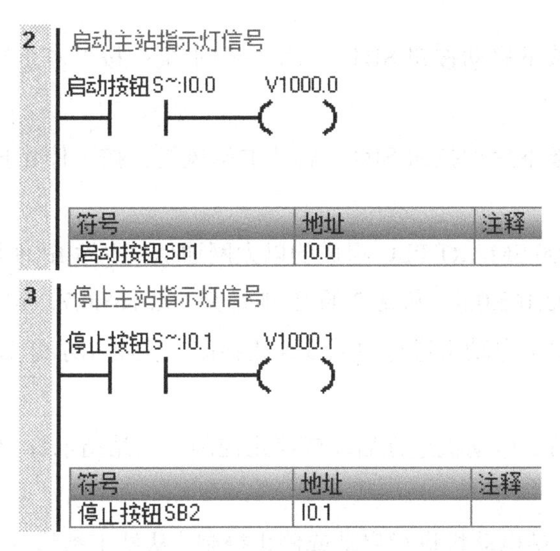

图 14-25 从站 2 程序（续）

步骤 9．联机调试。

在断电情况下，将按钮与指示灯连线。

确保在连线正确的情况下通电，通过 STEP 7- Micro/WIN SMART 软件，将主站 CPU1、从站 1 CPU2 和从站 2 CPU3 的组态与程序分别下载到各自对应的 PLC 中。

在主站按下启动按钮 SB1，看到从站 1 指示灯 HL 亮，从站 2 指示灯 HL 亮；在主站按下停止按钮 SB2，看到从站 1 指示灯 HL 灭，从站 2 指示灯 HL 灭。

在从站 1 按下启动按钮 SB1，看到主站指示灯 HL1 亮；在从站 1 按下停止按钮 SB2，看到主站指示灯 HL1 灭。

在从站 2 按下启动按钮 SB1，看到主站指示灯 HL2 亮；在从站 2 按下停止按钮 SB2，看到主站指示灯 HL2 灭。

若满足上述要求，则调试成功；如果不满足，则检查原因，纠正问题，重新调试，直到满足上述要求。

巩固练习十四

1．由 3 台 S7-200 SMART PLC 组成的以太网通信，主站 IP 地址为 192.168.0.5，从站 1 的 IP 地址为 192.168.0.6，从站 2 的 IP 地址为 192.168.0.7，实现以下要求。

（1）在主站按下启动按钮 SB1，启动从站 1 电动机和从站 2 电动机；按下停止按钮 SB2，停止从站 1 电动机和从站 2 电动机。

（2）在从站 1 按下启动按钮 SB1，启动主站水泵；按下停止按钮 SB2，停止主站水泵。

（3）在从站 2 按下启动按钮 SB1，启动主站风机；按下停止按钮 SB2，停止主站风机。

2．由 3 台 S7-200 SMART PLC 组成的以太网通信，主站 IP 地址为 192.168.0.5，从站 1 的 IP 地址为 192.168.0.6，从站 2 的 IP 地址为 192.168.0.7，实现以下要求。

（1）主站对从站 1 电动机进行启动或停止控制，主站指示灯 HL1 能监视从站 1 电动机的工作状态。

（2）主站对从站 2 电动机进行启动或停止控制，主站指示灯 HL2 能监视从站 2 电动机的工作状态。

（3）从站 1 对主站电动机进行启动或停止控制，从站 1 指示灯 HL 能监视主站电动机的工作状态。

（4）从站 2 对主站电动机进行启动或停止控制，从站 2 指示灯 HL 能监视主站电动机的工作状态。

3．由 4 台 S7-200 SMART PLC 组成的以太网通信，主站 IP 地址为 192.168.0.5，从站 1 的 IP 地址为 192.168.0.6，从站 2 的 IP 地址为 192.168.0.7，从站 3 的 IP 地址为 192.168.0.8，实现以下要求。

（1）1 号站（主站）站地址为 1，2 号站（从站 1）站地址为 2，3 号站（从站 2）站地址为 3，4 号站（从站 3）站地址为 4。

（2）通过变量写入 2 字节数据到主站，主站将此数据写入其他从站，在各个从站中通过变量表显示该数据。

（3）通过变量写入 2 字节数据到各个从站，主站到各个从站读取这些数据，在主站通过变量表显示这些数据。

附录 A　参考试卷及参考答案

1. 参考试卷

××课程期末考试试卷（A 卷）

班级＿＿＿＿＿＿＿姓名＿＿＿＿＿＿＿学号＿＿＿＿＿＿＿

大项	一	二	三	四	五	六	七	八	总分	阅卷人
登分										

试完成一个简单的智力竞赛抢答器的 PLC 控制，具体控制要求如下。

在赛场安排 3 个抢答桌，每个抢答桌都有 1 个抢答按钮（分别为 SB1、SB2、SB3）和 1 个抢答指示灯（分别为 HL1、HL2、HL3）。另外，赛场上还有由主持人控制的启动/停止开关 SA、开始抢答按钮 SB0、指示灯 HL0。

（1）竞赛开始时，主持人接通启动/停止开关 SA，指示灯 HL0 亮。

（2）当主持人按下开始抢答按钮 SB0 后，如果在 10s 内有人抢答（按下抢答按钮 SB1、SB2 或 SB3），则最先按下抢答按钮的信号有效，相应抢答桌上的抢答指示灯（HL1、HL2 或 HL3）亮。

（3）如果在 10s 内无人抢答，则指示灯 HL0 灭。重新开始时，主持人再次接通启动/停止开关 SA。

一、根据控制任务进行输入/输出分析（18 分）

得　分	

1. 输入：

2. 输出：

二、进行硬件组态（配置）（12 分）

得　分	

三、完成输入/输出地址分配（9 分）

得　分	

1．输入：　　　　　　　　　　　　　　　　2．输出：

四、PLC 输入/输出接线图（11 分）

得　分	

五、编写控制程序（50 分）

得　分	

2．参考答案

××课程期末考试试卷（A 卷）
试题答案要点与评分标准

一、根据控制任务进行输入/输出分析（18 分）

1．输入：SB1，SB2，SB3，启动/停止开关 SA，抢答按钮 SB0。

2．输出：HL1，HL2，HL3，指示灯 HL0。

注：每个 2 分，共 18 分。

二、进行硬件组态（配置）（12 分）

系统块

	模块	版本	输入	输出	订货号
CPU	CPU SR20 (AC/DC/Relay)	V02.00.00_00.00...	I0.0	Q0.0	6ES7 288-1SR20-0AA0

注：每个 2 分，共 12 分，根据情况酌情考虑给分。

三、完成输入/输出地址分配（9 分）

1．输入：SB1：I0.0　　启动/停止开关 SA：I0.3

SB2：I0.1　　抢答按钮 SB0：I0.4

SB3：I0.2

1．输出：HL0：Q0.0　　HL2：Q0.2

HL1：Q0.1　　HL3：Q0.3

注：每个 1 分，共 9 分，根据情况酌情考虑给分。

四、输入/输出接线图（11 分）

注：根据完成情况酌情考虑给分。

五、编写控制程序（50 分）

注：根据完成情况酌情考虑给分。

参考文献

[1] 郑长山．PLC 应用技术图解项目化教程（西门子 S7-300）[M]．2 版．北京：电子工业出版社，2018.

[2] 向晓汉．S7-200 SMART PLC 完全精通教程[M]．北京：机械工业出版社，2013.

[3] 丁金林，王峰．PLC 应用技术项目教程——西门子 S7-200 Smart[M]．北京：机械工业出版社，2015.

[4] 廖常初．S7-200 SMART PLC 应用教程[M]．2 版．北京：机械工业出版社，2019.

[5] 侍寿永．西门子 S7-200 SMART PLC 编程及应用教程[M]．北京：机械工业出版社，2016.

[6] 工控帮教研组．西门子 S7-200 SMART PLC 编程技术[M]．北京：电子工业出版社，2019.

[7] 蔡杏山．图解西门子 S7-200 SMART PLC 快速入门与提高[M]．北京：电子工业出版社，2018.

[8] 西门子（中国）有限公司．深入浅出西门子 S7-200 SMART PLC[M]．北京：航空航天大学出版社，2015.

[9] 李志梅，张同苏．自动化生产线安装与调试（西门子 S7-200 SMART 系列）[M]．北京：机械工业出版社，2019.

[10] 郑长山．现场总线与 PLC 网络通信图解项目化教程[M]．2 版．北京：电子工业出版社，2020.